供电营业厅窗口标准化作业

指导手册

GONGDIAN YINGYETING
CHUANGKOU BIAOZHUNHUA ZUOYE
ZHIDAO SHOUCE

国网陕西省电力公司◎编

内 容 提 要

为提高营业厅窗口服务人员的业务素质，统一规范窗口服务行为，满足窗口服务实际工作要求，有效提升客户体验感和满意度，依据国家和地方的现行法律法规、政策文件，以及国家电网有限公司最新统一发布的一系列通用制度、技术标准及作业指导书等，并结合陕西省电力营业窗口服务工作实际情况，编撰了《供电营业厅窗口标准化作业指导手册》，本书全面梳理营业厅窗口业务办理事项，从服务内容、服务流程、申请资料、话术指南、依据来源5个维度明确窗口业务办理各环节服务要求，突出实用性、便捷性和针对性，通过制定统一的窗口服务规范，旨在指导窗口人员服务行为及业务办理。

本书可作为营业厅窗口服务人员工作手册，也可为相关管理人员提供管理依据及导向，同时又可为一线工作人员提供学习参考。

图书在版编目（CIP）数据

供电营业厅窗口标准化作业指导手册／国网陕西省电力公司编．—北京：中国电力出版社，2020.3

ISBN 978-7-5198-4408-0

Ⅰ．①供…　Ⅱ．①国…　Ⅲ．①电力工业—供电管理—商业服务—标准化管理—中国—手册　Ⅳ．① F426.61-62

中国版本图书馆 CIP 数据核字（2020）第 035436 号

出版发行：中国电力出版社
地　　址：北京市东城区北京站西街 19 号（邮政编码 100005）
网　　址：http://www.cepp.sgcc.com.cn
责任编辑：周天琦（010-63412243）马雪倩
责任校对：黄　蓓　郝军燕
装帧设计：张俊霞
责任印制：钱兴根

印　　刷：三河市航远印刷有限公司
版　　次：2020 年 3 月第一版
印　　次：2020 年 3 月北京第一次印刷
开　　本：710 毫米 ×980 毫米　16 开本
印　　张：20.25
字　　数：266 千字
定　　价：95.00 元

版 权 专 有　侵 权 必 究

本书如有印装质量问题，我社营销中心负责退换

编 委 会

主　　编　王成文

副 主 编　岳红权

委　　员　胡长青　雷　伟　张　旭　刘　立　赵宝军

编 写 组

组　　长　胡长青

成　　员　黄研利　马治宝　张忠平　杨文宇　曹　敏　白宇峰

杜　杰　郭青林　吴　洁　施　文　杨永刚　张晓阳

巨　健　彭　飞　帖　洁　杨承立　朱　珂　邢　伟

屈一凡　梁　晴　白　洁　潘小燕　朱　艳　邹华瑾

罗振宁　朱韶一　石　宁　勾菲菲　秦　瑶　任延丽

陈　力　张　佐　郭　鑫　白泽洋　朱文涛　刘书楷

张旭东　宋恩博　王煜昆

前言 PREFACE

为统一规范营业厅窗口服务行为，提升窗口服务能力，推动全省营业窗口服务形象、业务办理、服务内容同质化，有效提升客户体验感和满意度，营销部全面梳理窗口业务办理事项，从服务内容、服务流程、申请资料、话术指南、依据来源5个维度明确窗口业务办理各环节服务要求，组织编制了《供电营业厅窗口标准化作业指导手册》，制定了统一的窗口服务规范，指导窗口人员服务行为及业务办理。

《供电营业厅窗口标准化作业指导手册》分为行为篇和业务篇两大部分15个章节，主要内容有营业厅窗口服务规范、业扩报装、变更用电、电能表申校、电费账务、市场化售电、分布式电源、综合能源、煤改电业务、电动汽车、“互联网+”创新服务推广、客户侧需求、故障报修、一般诉求、咨询查询等相关业务，全面涵盖了窗口受理的业务范围及涉及的专业类别。本书可作为营业厅窗口服务人员工作手册，也可为相关管理人员提供管理依据及导向，同时又可为一线工作人员提供学习参考。

在本书的编写过程中得到了相关专业多位专家及客户服务一线同仁的帮助，在此表示诚挚的感谢。

书中难免有疏漏与不足之处，恳请广大读者批评指正。

2019年4月

目 录

CONTENTS

第一部分 行为篇

第一章　营业厅窗口服务规范

第一节　窗口行为规范

一、基本道德和行为规范

（1）严格遵守国家法律、法规，诚实守信、恪守承诺、爱岗敬业、乐于奉献、廉洁自律、秉公办事。

（2）真心实意为客户着想，尽量满足客户的合理要求。对客户的咨询、投诉等不推诿、不拒绝、不搪塞，及时、耐心、准确地给予解答。

（3）遵守国家的保密原则，尊重客户的保密要求，不对外泄露客户的保密资料。

（4）工作期间精神饱满，注意力集中，使用规范化文明用语，提倡使用普通话，注意语言礼仪。

（5）熟知本岗位的业务知识和相关技能，岗位操作规范、熟练，具有合格的专业技术水平。

二、诚信服务规范

（1）公布服务承诺、服务项目、服务范围、服务程序、收费标准和收费依据，接受社会与客户监督。

（2）严格执行国家规定的电费电价政策及业务收费标准，严禁利用各种方式和手段变相扩大收费范围或提高收费标准。

三、行为举止规范

（1）行为举止应做到自然、文雅、端庄、大方。

1）站姿（见图 1–1）：站立时，抬头、挺胸、收腹，双手下垂置于身体两侧或双手交叠自然下垂，双脚并拢，脚跟相靠，脚尖微开，不得双手抱胸，叉腰。

图 1–1　站姿规范图

2）坐姿（见图 1–2）：坐下时，上身自然挺直，两肩平衡放松，后背与椅背保持一定间隙，不用手托腮或趴在工作台上，不抖动腿和跷二郎腿。

图 1-2　坐姿规范图

3）走姿（见图 1-3）：走路时，步幅适当，节奏适宜，不奔跑追逐，不边走边大声谈笑喧哗。

图 1-3　走姿规范图

4）请姿（见图 1–4）：单手向外打开，四指并拢，拇指微开，眼随手动。

图 1–4 请姿规范图

5）尽量避免在客户面前打哈欠、打喷嚏，难以控制时，应侧面回避，并向对方致歉。

（2）为客户提供服务时，应礼貌、谦和、热情。

1）接待客户时，应面带微笑，目光专注，做到来有迎声，去有送声。

2）与客户会话时应亲切、诚恳，有问必答，耐心解释。

3）工作发生差错时，应及时更正并向客户道歉。

（3）当客户的要求与政策、法律、法规及本企业制度相悖时，应向客户耐心解释，争取客户理解，做到有理有节。遇有客户提出不合理要求时，应向客户委婉说明。对客户不训斥、不责备，不得与客户发生争吵。

（4）为行动不便的客户提供服务时，应主动给予特别帮助。对听力不好的客户，应适当提高语音，放慢语速。

（5）与客户交接钱物时，应唱收唱付，轻拿轻放，不抛不丢。准备充足的零钱，提前与客户核对缴费金额，收钱和找零都要复诵一遍，与客户做好沟通，防止收费过程误收、漏收、少收、错找等现象发生。

四、引导礼仪规范

（1）接待客户应做到双眼注视客户，目光亲切自然，面带微笑，来有迎声、去有送声。

（2）客户进入营业厅，引导员应使用标准站姿向客户行 15° 鞠躬礼（见图 1–5），并亲切问候；如果进来多位客户，可同时问好，不必一一行礼。

图 1–5 鞠躬图

（3）使用标准的请姿（见图 1–6），并致欢迎语：“您好”“早上好 / 中午好 / 下午好”“欢迎光临”“这边请”等。

图 1-6 引导服务规范图

（4）主动询问客户，了解客户需求，将客户引导至对应业务办理区域。有自助叫号排队系统的 A 级、B 级营业厅，引导员协助客户正确使用自助叫号排队系统，取号后引导至客户休息区（业务待办区）等候，并提醒客户注意听取电脑自动叫号。

（5）疏导分流客户，保持各业务办理区畅通有序。

（6）主动关怀正在等候的客户，提供“一杯水服务”，双手递送（见图 1–7）。

图 1-7 “一杯水服务”规范图

（7）收集整理客户建议，指导客户填写意见簿，及时答复客户意见。

（8）对于行动不便的客户，应给予更多的关心和帮助，主动问候："您好，有什么可以帮您？"根据客户意愿予以帮助。

（9）监督检查营业厅现场环境卫生。

（10）送离客户时，使用标准的送宾礼，致以"请您慢走，再见"欢送语，目送客户离开（见图 1–8）。

图 1–8　送客图

五、仪容仪表及着装规范

1. 仪容仪表规范

（1）保持仪容仪表美观大方，不得戴墨镜，不得佩戴首饰，不得戴夸张的饰物，指甲应经常修剪，保持指甲缝干净，不得涂彩色指甲及美甲。

（2）女性员工要保持淡雅得体的形象，不得浓妆艳抹，不使用香味浓郁的香水，化妆或补妆应在更衣室、洗手间完成，不得在同事或客户面前化妆、照镜子。男性员工不得留胡须，不得敞怀、将长裤卷起，要定期修剪鼻毛和耳毛，保持清爽、整洁的形象（见图 1-9）。

图 1-9　员工仪容仪表规范图

（3）工作前忌食葱、蒜等刺激性的食品。

（4）营业窗口人员上岗必须统一着装，并佩戴工号牌（见图 1-10）。工号牌与岗位牌及员工介绍栏工号保持一致。

图 1-10　佩戴工号牌上岗图

2. 着装规范

（1）女员工：工装（西服、马甲、衬衣、一步裙）、领结、黑皮鞋（见图 1–11）。

图 1–11　女员工着装规范图

（2）男员工：工装（西服、马甲、衬衣）、领带、黑皮鞋（见图 1–12）。

图 1–12　男员工着装规范图

（3）工装应保持整洁、熨烫平整，没有污渍，没有异味。着衬衣时，不得套穿，袖口要扣好，内衣不得外露，衣服扣子要齐全，不可错扣。穿马甲时，衬衣下摆束入裤腰和裙腰内；穿西服时，衬衣下摆禁止长于西服。

（4）穿西装时应系领带，领带不得有污渍、破损或歪斜松弛，领带的长度以领带大箭头刚刚盖住皮带扣为准。西装上衣及裤装口袋不装东西，做到不敞怀、不挽袖口和裤脚。

（5）领结干净整洁，颜色鲜亮，要求上岗统一规范佩戴（见图1-13）。

图1-13 领结佩戴规范图

（6）保持鞋面净洁，鞋袜干净卫生。男士应着深色袜子，女士着裙装时应穿肉色长筒丝袜（见图1-14）。

图1-14 鞋袜穿戴规范图

3. 头饰规范

（1）长发（见图1-15）。超于颈上部的均属于长发，需全部盘起。佩戴头花，长发全部盘起头后中上部，用统一的发夹如头花网兜固定在脑后，前额无碎发，刘海不过眉。必要时可佩戴黑色发卡。保持干净、整洁、无异味、不蓬乱。发型简洁、干净，不染夸张颜色，如黄色、明显酒红色，禁止多色染发。

图 1-15 长发侧面及背面规范图

（2）短发（见图 1-16、图 1-17）：不用佩戴头花，但需干净、整洁、无异味、不蓬乱，前额无碎发，刘海不过眉，短发合拢在耳后，侧不过耳际，后不过领。发型简洁、干净，不染夸张颜色，如黄色、明显酒红色，禁止多色染发。如需佩戴发卡，仅限黑色。男士不留长发，头发前不覆额、侧不覆耳、后不触领。

图 1-16　女士短发正面及侧面规范图

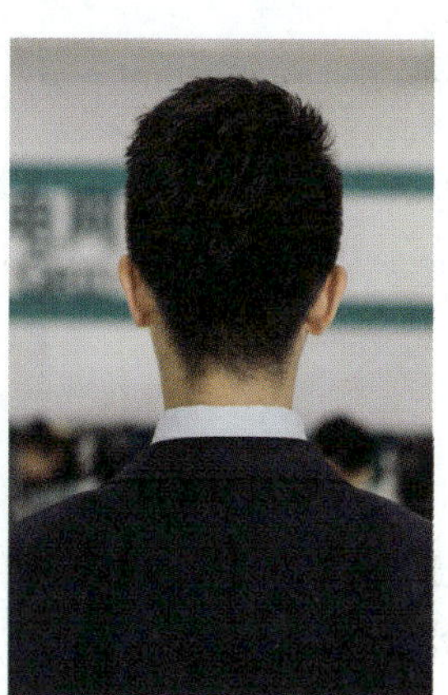

图 1-17　男士短发正面及侧背面规范图

六、岗位服务规范

1. 业务办理规范

（1）营业窗口人员必须准点上岗（提前 10min 到岗），做好营业前的各项准备工作。

（2）业务办理过程中，应亲切、耐心地与客户交谈，做到有问有答，眼睛注视客户面部，不左顾右盼或与他人搭讪，不随意打断客户讲话或臆断客户意思。

（3）实行首问负责制。无论办理业务是否对口，接待人员都要认真倾听，热心引导，快速衔接，为客户提供准确的联系人、联系电话和地址，并及时掌握业务办理进度，直至诉求处理完毕。

（4）实行限时办结制。办理居民客户收费业务的时间一般每件不超过5min，办理客户用电业务的时间一般每件不超过20min。

（5）受理用电业务时，实行“一次性告知”，以书面形式提供一次性告知书或资料清单，应主动向客户说明办理该项业务需提供的相关资料、办理的基本流程、相关的收费项目和标准，并提供业务咨询和投诉电话号码。业扩新装、增容业务实行“一证受理”，同时签署“承诺书”。

（6）客户填写用电表格时，应将表格双手递给客户（见图1-18），主动向客户提供书写示范样本，给予热情地指导和帮助，并认真审核。如发现填写有误，应及时向客户指出，指导客户重新填写。

图1-18　双手递送规范图

（7）客户来办理业务时，应主动接待，不因遇见熟人或接听电话而怠慢客户。

（8）当客户较多连续办理业务时，窗口人员应掌握“办一、安二、招呼三”的忙碌待客方法，切不可因为接待当前客户而怠慢忽略了其他客户。前一位客户业务办理时间过长，应礼貌地向下一位客户致歉。

（9）因计算机系统出现故障而影响业务办理时，若短时间内可以恢复，应请客户稍候并致歉；若需较长时间才能恢复，除向客户说明情况并道歉外，应请客户留下联系电话，以便另约服务时间。

（10）遇有特殊情况必须暂时停办业务时，应列示“暂停服务”标志牌（见图 1–19）。

图 1–19 暂停服务规范图

（11）临下班时，对于正在处理中的业务应照常办理完毕后方可下班。下班时如仍有等候办理业务的客户，应继续办理。

（12）各窗口负责人应及时对业务受理中的疑难问题及时进行协调处理。

（13）政府、企业重点项目及园区大客户进入营业厅，要及时响应，引导进入 VIP 客户服务室，并启动快速响应机制。通过电话或线上的申请预约服务，1 个工作日内完成资料审核，派单至客户经理。

（14）营业厅人员应熟知各类服务及体验设施操作方法，以便为客户提供指导帮助。客户有意愿在自助业务一体化平台办理业务或进入体验区进行体验时，应热情引导，不得推诿。

（15）应严格按照承诺时限催办后台业务办理人员到达现场、业务处理等时限，特殊情况无法在承诺时限处理的，应提前与客户做好沟通。

（16）供客户使用的服务设施，如发生故障不能使用，应摆设“设备维修中”标志牌，并在 20 天内修复。

（17）发现客户有不满情绪或有舆情隐患时，引导客户到相对独立的洽谈区（或 VIP 室），安抚客户情绪，及时汇报进行协调、处理。

（18）客户通过户号、地址或户名查询上月或当月电量、电费信息时，营业厅人员应根据其提供的查询条件，通过开放式问题与其核对户名、户号、表号、用电地址等客户档案信息。核对正确，则向客户提供电量电费信息；核对不正确，礼貌地向客户拒绝服务。

（19）业务办理结束时，营业人员应主动告知客户所办业务的答复时间、注意事项和相关的收费项目以及窗口咨询和投诉电话号码等。

2. 收费服务规范

（1）与客户交接钱物、向客户出示票据或找零时，应双手递接并唱收唱付（见图 1–20）。

1）当客户采用现金缴费时，应准备充足的零钱，并与客户认真核对缴费金额。

2）当客户采用银行卡缴费时，应与客户认真核对缴费金额，客户输入密码时应回避，客户签字确认时，应再次提醒客户核对缴费金额。

3）当客户采用银行支票缴费时，应认真核对银行支票是否有效，如客户银行支票有误应礼貌告知，请客户给予更换。

图 1-20　双手送票找零规范图

（2）当收到假币或疑币时，应用规范用语要求客户予以更换。必要时，可与客户一同前往附近银行鉴定真伪。

（3）收取每一笔金额必须经过认真准确验钞、整钞、数钞环节，所有收费工作必须在收费员、客户、监控三方下完成。

（4）每日日结、盘点、装箱、交接过程都必须在监控下操作进行，待完成操作，桌面不得再出现现金。

3. 答复咨询规范

（1）受理客户咨询时，应耐心、细致，尽量少用生僻的电力专业术语，以免影响与客户的交流效果。如不能当即答复，应向客户致歉，并留下联系电话，经研究或请示领导后，尽快答复。客户咨询或投诉叙述不清时，应用客气周到的语言引导或提示客户，不随意打断客户的话语。

（2）受理客户咨询时，应严格遵守有关信息安全规定，确保不泄露客户信息；对不能当即答复的，应说明原因，并在 5 个工作日内答复客户。

（3）受理客户投诉后，1 个工作日内联系客户，6 个工作日内答复客户。

（4）受理客户举报、建议、意见业务后，应在9个工作日内答复客户。

（5）重要事项须书面记录，并按照咨询建议类、办事类、投诉类分别办理。重要事项经请示有关领导后7个工作日内予以答复。

（6）因输配电设备事故、检修引起停电，客户询问时，应告知客户停电原因，并主动致歉。

（7）客户要求查询往月电费电量等详细信息的，营业厅人员应礼貌地向客户拒绝服务，并向客户说明查询往月电费电量信息需持户主本人身份证件到营业厅查询。

4. 电话服务规范

（1）接听电话要及时，一般应在铃响3声内接起，接通电话要使用标准欢迎语。

（2）接听电话应做到语言亲切、语气诚恳、语音清晰、语速适中、语调平和、言简意赅。应根据实际情况随时说“是”“对”等，以示在专心聆听，重要内容要注意重复、确认。查询信息请客户等待时，应使用致歉语。通话结束，须等客户先挂断电话后再挂电话，不可强行挂断。

（3）接到客户诉求时，应准确把握内容，全面询问客户关键信息，不应有引导倾向，记录要精准翔实。核对客户资料时（姓名、地址等），对于多音字应选择中性词或褒义词，避免使用贬义词或反面人物名字。

（4）接到客户报修时，应详细询问故障情况。如判断确属供电企业抢修范围内的故障或无法判断故障原因，应详细记录，立即通知抢修部门前去处理。如判断属客户内部故障，可电话引导客户排查故障，也可应客户要求提供抢修服务，但要事先向客户说明该项服务是有偿服务。

（5）因输配电设备事故、检修引起停电，客户询问时，应告知客户停电原因，并主动致歉。

（6）客户来电话发泄怒气时，应仔细倾听并做记录，对客户讲话应有所反应，并表示体谅对方的情绪。如感到难以处理时，应适时地将电话转给班长、主管等，避免与客户发生正面冲突。

（7）客户打错电话时，应礼貌地说明情况。对带有主观恶意的骚扰电话，可用恰当的言语警告后先行挂断电话并向班长或主管汇报。

（8）不得长时间占用电话影响工作效率，不得用办公电话长时间聊天。

（9）拨出电话时，应事先整理好通话内容。电话接通后，首先向对方致以问候并自我介绍，确认客户身份；一般情况下不得先于客户挂断电话，结束通话应使用标准结束语。

七、营业厅班务规范

1. 班前会规范

班长组织召开班前会，主要内容如下：

（1）检查服务人员仪容仪表是否符合要求，着装是否规范，精神状态是否良好（见图 1–21）。

图 1–21 班前检查

（2）检查交接资料、转办工作记录是否清楚、齐全。

（3）对难点、热点业务进行知识问答。

（4）结合服务礼仪进行现场模拟演练（见图 1-22）。

图 1-22 服务礼仪演练

（5）布置当日工作任务，交代服务注意事项。

2. 班前准备（五必看）

在营业厅开门之前，班长有五个方面必须看：

一看外部环境。看营业厅门前是否有垃圾、杂物，是否张贴印刷品，是否有异常。看门前等待的客户情况，如果客户过多，要提前做好应急准备。

二看大厅环境。看大厅是否整洁明亮、合理放置、舒适安全。是否做到“四净四无”，即“地面净、桌面净、墙面净、门面净；无灰尘、无纸屑、无杂物、无异味”。

三看桌面环境。看桌面是否干净整洁，是否摆放服务人员岗位牌，双屏是否显示。

四看客户自助设施运行环境。看设备是否运行正常，如有故障，及时报修并贴出客户温馨提示。

五看精神面貌。看员工是否就位，是否统一佩戴工号牌，精神状态是否良好。

3. 班后会规范

（1）统计当日业务量，包括一次性办结业务及传递完毕业务。

（2）分析当日工作中存在的问题。

（3）传达当日上级文件要求及工作（见图 1–23）。

（4）交接或安排次日工作。

图 1–23　班后会规范图

第二节　临柜服务“五步法”

一、举手迎

1. 服务流程

（1）客户走向柜台时，应举手向客户示意。

（2）客户临柜时，方可放下手臂，向客户微笑点头并问候客户，呈示坐手势。

2. 动作要点

（1）举手示意时，左（右）手臂平行于上身，平放至桌面上，右（左）手臂举起，肘关节贴于桌面，胳膊与桌沿呈 90°，手掌完全打开，五指并拢（见图 1–24）。

图 1–24　举手迎图

（2）示坐时，右（左）手臂向外打开，四指并拢，拇指微开，指向座椅方向（见图 1–25）。

图 1-25　示坐图

备注　当与客户面对面时，举右手臂；当与客户侧坐时，举起靠近客户的手臂。

3. 服务用语

您好！请坐！我是 ××× 号业务受理员，很高兴为您服务。

二、笑相问

1. 服务流程

（1）客户坐下后，微笑询问客户需要办理什么业务（见图 1-26）。

图 1-26　微笑询问图

（2）客户表述需要办理业务时，应注视客户的眼睛，根据实际情况，适时说“是”“对”等，以示在认真聆听，充分理解客户意愿。不随意打断客户讲话或者没有听完客户讲话就臆断客户的意思，客户表述期间不能左顾右盼或与他人搭讪。

（3）客户表述完毕后，应确认客户诉求，以免发生误解。

（4）确认无误后，应主动、一次性向客户说明该项业务需提供的相关资料、办理的基本流程，并向客户提供一次性告知书及相关用电表格。

2. 服务用语

（1）请问您需要办理什么业务？/ 请问有什么可以帮您？

（2）您的需求我了解了，您是希望办理 ×× 业务 / 了解 ×× 业务 / 查询 ××，对吗？

（3）抱歉，我没能正确理解您的意思，您是希望办理 ×× 业务 / 了解 ×× 业务 / 查询 ××，对吗？

（4）先生 / 女士，您希望办理的业务需要 × 个流程，您需要向我们提供 × 样资料，分别为 ××、××、××……这是 ×× 申请表及填写样表，请您参照样表填写完毕后交给我。

（5）先生 / 女士，这是您希望办理业务的一次性告知书，我向您说明一下，本业务一共需要 × 个流程，您需要向我们提供 × 样资料，分别为 ××、××、××……这是 ×× 申请表及填写样表，请您参照样表填写完毕后交给我。

三、礼貌接

1. 服务流程

与客户交接资料钱物时，应身体前倾，双手交接，不抛不丢，唱收唱付。

2. 动作要点

与客户交接资料钱物时，应双手向上递上，拇指压住资料边缘，其余四指托住资料反面，文字正对客户，身体前倾并使用敬语。接的时候，应双手捧接（见图 1–27）。

图 1–27　礼貌接图

3. 服务用语

（1）收您相关资料（例如：身份证复印件、房产证、营业执照）共 × 件。

（2）收您现金 × 元。

（3）您好！这是您的电费发票（收据），户号为 × × × × 的 × 先生/女士，您本次交费 × 元，请您确认并收好发票（收据）。

四、及时办

1. 服务要点

办理业务时应迅速、准确、流畅。居民客户收费办理时间一般每件不超过 5min，用电业务办理时间一般每件不超过 20min，在业扩报装、变更用电、申请校表等业务对应环节，主动请客户在双屏上签字确认。对于不能当场办结的业务，应于 2h 内转至业务处理部门，全程跟踪反馈客户业务办理进程。

2. 服务用语

（1）您好！请您报一下您的交费户号。

（2）先生 / 女士，您的业务流程较多，预计需要 15min 时间，请您稍候，谢谢。

（3）先生 / 女士，请您看面前的屏幕，您申请的 ×× 业务受理信息已显示在屏幕上，请您确认无误后点击“签名”按钮，在弹出页面手写（黑色双屏）/ 用旁边的手写笔（白色双屏）签名，并点击确认，谢谢!

（4）先生 / 女士，您的业务我已受理，我将在 2h 内将您的业务传递至后台业务处理部门，届时我们的客户经理将在 × 个工作日内联系您。

五、目相送

1. 服务流程

（1）业务办理结束时，窗口人员应主动告知客户所办业务的答复时间、注意事项和相关的收费项目以及窗口咨询电话等，并主动询问客户是否还有其他需求。在客户表示没有其他需求后，主动邀请客户进行服务评价。

（2）客户离开柜台时，应使用标准的送宾礼，起立与客户告别，目送客户离开。

2. 动作要点

（1）邀请客户评价时，右（左）手臂向外打开，四指并拢，拇指微开，指向双屏方向（见图 1-28）。

图 1-28　邀请评价图

备注　当与客户面对面时，举起右手臂；当与客户侧坐时，举起靠近客户的手臂。

（2）送别客户时，起身站立，腹前握指，15° 鞠躬后，目送客户离开（见图 1-29）。

图 1-29　目相送图

3. 服务用语

（1）先生 / 女士，您的业务已经办理好了，如果您有任何疑问，可以联系我，我的电话是：×××××××（营业厅电话），我将及时为您解答。请问您还有其他需求吗？

（2）先生 / 女士，您的业务受理环节已经结束，请耐心等待客户经理与您联系。如果您有任何疑问，可以联系我，我的电话是：×××××××（营业厅电话），我将及时为您解答。请问您还有其他需求吗？

（3）先生 / 女士，请您对我的服务作出评价。

（4）请您慢走，希望下次能继续为您服务，再见！

第三节　窗口环境规范

一、基本环境规范

（1）环境整洁，在有条件的地方设置无障碍通道（见图 1-30）。

图 1-30　障碍通道

（2）营业场所外设置规范的供电企业标志和营业时间牌（见图 1-31）。

图 1-31　供电企业标志和营业时间牌

（3）营业场所应公布供电服务项目、业务办理程序、电价表收费项目及收费标准。公布岗位纪律、服务承诺、服务及投诉电话。设置意见箱或意见簿。

（4）营业场所内应布局合理、舒适安全。客户等候休息处备有饮用水；配置客户书写台、书写工具、老花镜、登记表书写示范样本等；放置免费赠送的宣传资料；墙面应挂有时钟、日历牌；有明显的禁烟标志。

（5）营业窗口应设置醒目的业务受理标识。标识一般由窗口编号或名称、办理业务种类等组成。必要时，应设有中英文对照标识。

（6）具备可供客户查询相关资料的手段。有条件的营业场所，应设置供客户自助查询的计算机终端。

二、定置摆放规范

1. 功能分区（见图 1–32）

营业厅的功能分区包括：① 业务办理区；② 收费区；③ 业务待办区；④ 展示区；⑤ 洽谈区；⑥ 引导区；⑦ 客户自助区。其中：B 级营业厅：第① ~ 第⑦个功能区；C 级营业厅：第① ~ 第④、第⑦个功能区。

图 1–32　营业窗口功能分区

2. 定置摆放要求

（1）内外部环境整洁明亮、布局合理、舒适安全，做到“四净四无”，即“地面净、桌面净、墙面净、门面净；无灰尘、无纸屑、无杂物、无异味”。

（2）营业厅门前无垃圾、杂物，室内、室外均不随意张贴印刷品。

（3）办公区域用品定置摆放，检查开启各服务设备设施，确保设备设施均正常运行和使用。

3. 业务办理区（见图 1–33）

一般设置在面向大厅主要入口的位置，其受理台为半开放式。

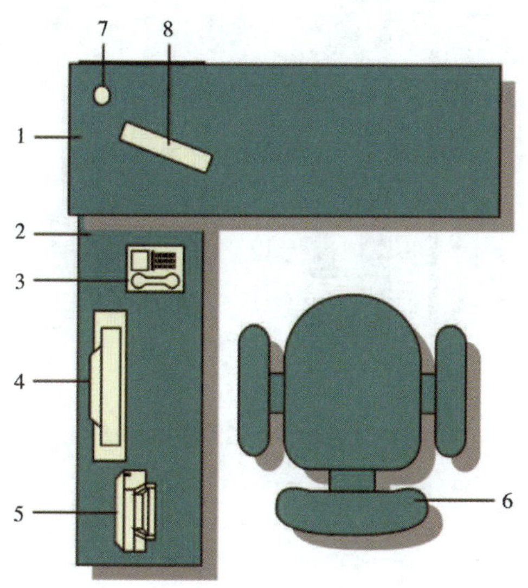

图 1–33　业务受理柜台定置摆放规范图

1—业务受理柜台；2—电脑操作台；3—电话机；4—电脑显示器；

5—打印机（或资料架）；6—转椅；7—书写笔；8—电子岗位牌

（1）受理台分业务受理柜台与电脑操作台两部分，呈 L 形分布，业务受理柜台面向客户，需要使用电脑查询或操作时可转向电脑操作台。

（2）业务受理柜台摆放物品：岗位牌、书写笔。电脑操作台摆放物品：

电脑显示器（键盘、鼠标）、打印机（或资料架）、办公电话。

（3）营业厅双屏内容统一确定为公司简介、政策法规、服务规范、用电指南、用电常识、收费标准6大类。

4. 收费区（见图1–34）

一般与业务办理区相邻，为全封闭式防弹玻璃，采取相应的保安措施。收费区地面应有1米线，遇客流量大时应设置引导护栏，合理疏导人流。

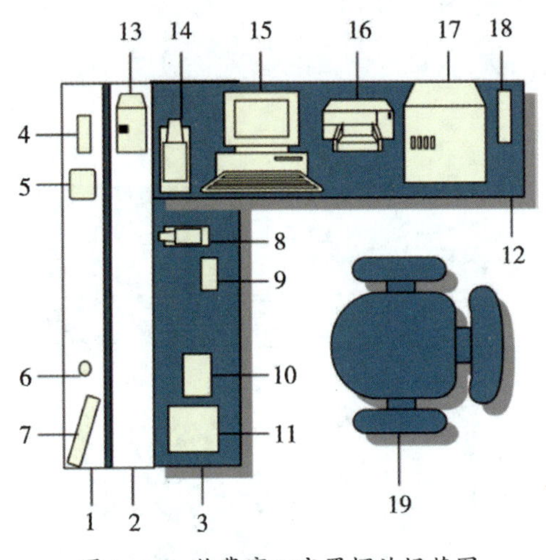

图1–34　收费窗口定置摆放规范图

1—对外窗口；2—对内窗口；3—收费柜台；4—验钞机对外窗口；5—POS机对外窗口；6—书写笔；7—电子岗位牌；8—POS机；9—读卡器；10—方形红印台；11—计算器；12—电脑操作台；13—扎捆机；14—验钞机；15—电脑显示器；16—票据打印机；17—小型现金箱；18—验钞机监控窗口；19—转椅

（1）收费窗口分对内窗口及对外窗口。对外窗口摆放物品：岗位牌、书写笔、验钞机对外窗口、POS机对外窗口。对内窗口摆放物品：扎捆机。

（2）收费对内窗口分收费柜台与电脑操作台两部分，呈L形分布（见图1–34），收费柜台面向客户，需要使用电脑查询或操作时可转向电脑操作台。

（3）收费柜台摆放物品：计算器、方形红印台、读卡器、POS机等。电脑操作台摆放物品：验钞机、电脑显示器、票据打印机、小型现金箱、验钞机监控窗口等。

5. 业务待办区

应配设与营业厅整体环境相协调且使用舒适的桌椅，配备客户书写台、宣传资料架、饮水机、意见箱（簿）等。客户书写台上应有书写工具、登记表书写示范样本等。

用电业务办理一次性告知书要求在A级、B级、C级营业厅填单台上摆放，统一确定为7种，分别为：零散单相居民生活用电（单面）、低压非居民用电（单面）、高压用电（双面）、低压充换电设施用电（单面）、高压充换电设施用电（单面）、自然人分布式电源用电（单面）、非自然人分布式电源用电（双面）。

宣传资料架上放置免费赠送的宣传资料（见图1–35）。宣传折页统一确定为18种，分别为：安全用电常识（对折页）、电价政策（两折页）、电力设施与电能保护（两折页）、分布式电源并网服务指南（对折页）、服务渠道（对折页）、供电监管办法（三折页）、客户报修指南（对折页）、客户交费指南（两折页）、智能电能表使用小贴士（三折页）、清理规范转供电加价（两折页）、“电e宝”（两折页）、“网上国网”（两折页）、微信平台（两折页）、市场化零售用户业务办理服务指南（两折页）、直接交易用户业务办理服务指南（两折页）、电能替代总有一款适合您（五折页）、清洁能源取暖服务菜单（两折页）、电动汽车（两折页）。

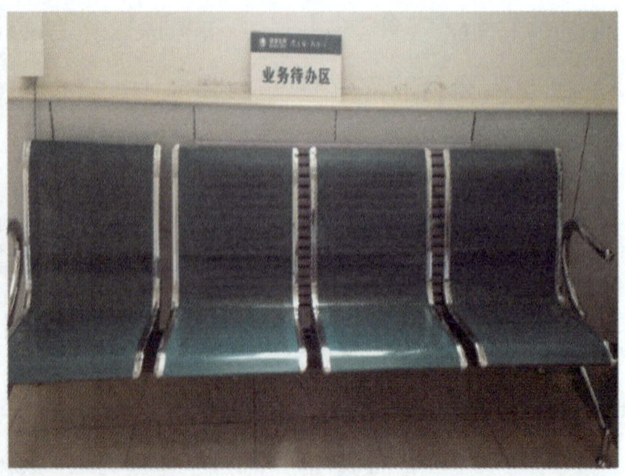

图 1-35　业务待办区相关物品规范图

6. 展示区

通过宣传手册、广告展板、电子多媒体、实物展示等多种形式，向客户宣传科学用电知识，介绍服务功能和方式，公布岗位纪律、服务承诺、服务及投诉电话，公示、公告各类服务信息，展示节能设备、用电设施等。

上墙展示牌统一确定为七大内容，分别为：供电监管办法；国家电网有限公司员工服务“十个不准”；业扩报装各环节时限表；陕西电网销售电价表；高、低压报装流程图；高可靠性供电费收费标准；窗口人员介绍展示牌。上墙展示牌要求在 A 级、B 级、C 级营业厅展示，展示牌尺寸建议为：宽 60cm × 高 90cm，在特殊情况下可以等比例缩小或放大，建议缩小或放大为：50cm（宽）× 80cm（高）、90cm（宽）× 120cm（高）；各单位应严格按照《国家电网有限公司标识应用手册 2018 版》制作并应用（见图 1-36）。

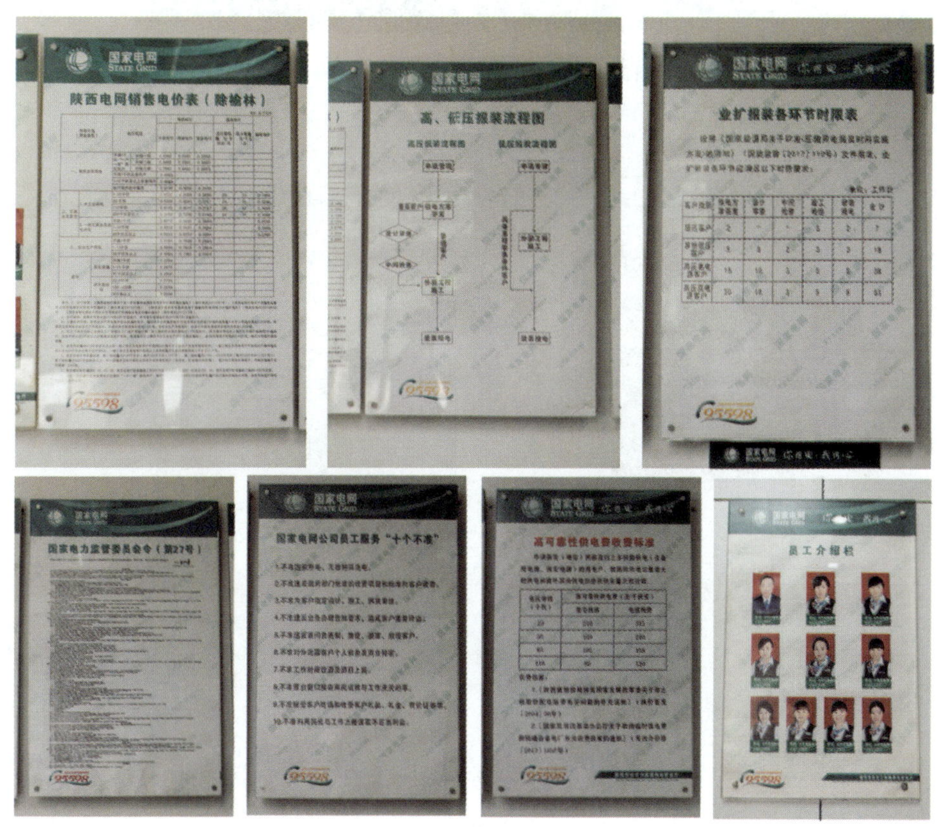

图 1-36　上墙展示牌

7. 洽谈区

一般为半封闭或全封闭的空间，应配设与营业厅整体环境相协调且使用舒适的桌椅、饮水机、宣传电视等（见图 1-37）。

图 1-37　洽谈区规范图

8. 引导区

设置在大厅入口旁，并配设引导台及取号机（见图 1-38），有人员及时引导。

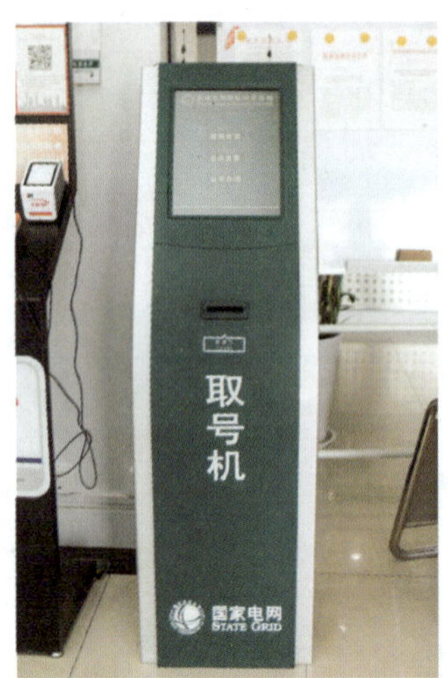

图 1-38　引导区规范图

9. 客户自助区

应配设相应的自助终端设施，包括全民付及支架、智能电能表演示台、自助缴费终端、网上服务终端等（见图 1-39）。

图 1-39 客户自助区及暂停服务指示牌规范图

（1）触摸式查询系统或自助叫号排队系统服务规范：上班前检查触摸式查询系统或自助叫号排队系统是否能正常工作，当发现异常时，应贴上“暂停使用”提示，并报告主管通知相关部门进行维修。及时更新触摸式查询系统的内容。

（2）便民箱、书写台、资料架摆放规范。

1）便民箱（见图 1-40）摆放规范：上层，针线盒、老花镜、签字笔（黑、红）、圆珠笔、铅笔、橡皮、尺子、便笺纸等；中层，胶水、订书机（针）、印台、曲别针等；下层，皮筋、双面胶、透明胶布等。

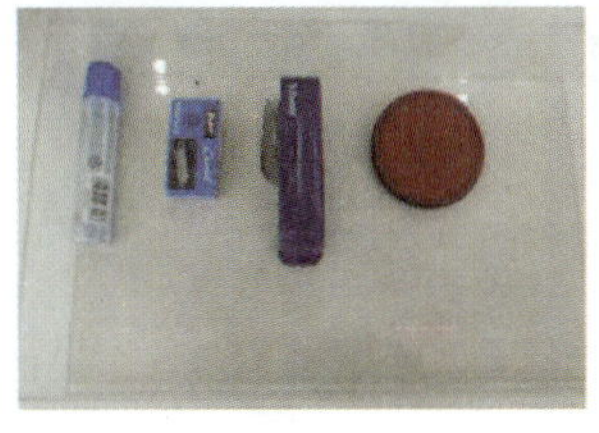
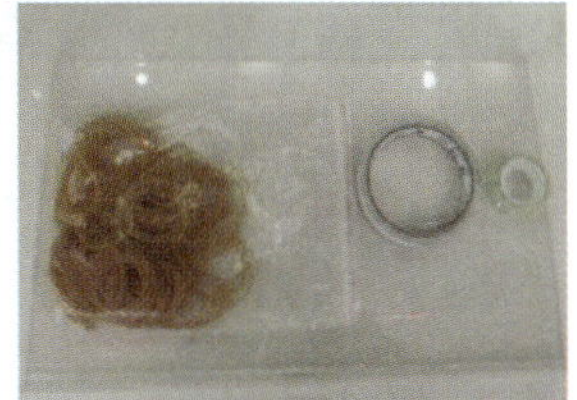

图 1-40 便民箱及各层物品规范图

2）便民用品服务规范：①上班前检查笔、老花镜和雨伞等便民用品是否齐全；②检查饮水机是否能正常工作，杯子是否干净、充足；③当客户需要相关便民用品时，应主动提供并指导其正确使用。

3）书写台（见图 1–41）摆放规范：书写示范样本、一次性告知书、智能电能表使用及居民阶梯电价宣传单、意见本等。单页纸无法单独摆放的，需使用伸缩式资料架摆放。

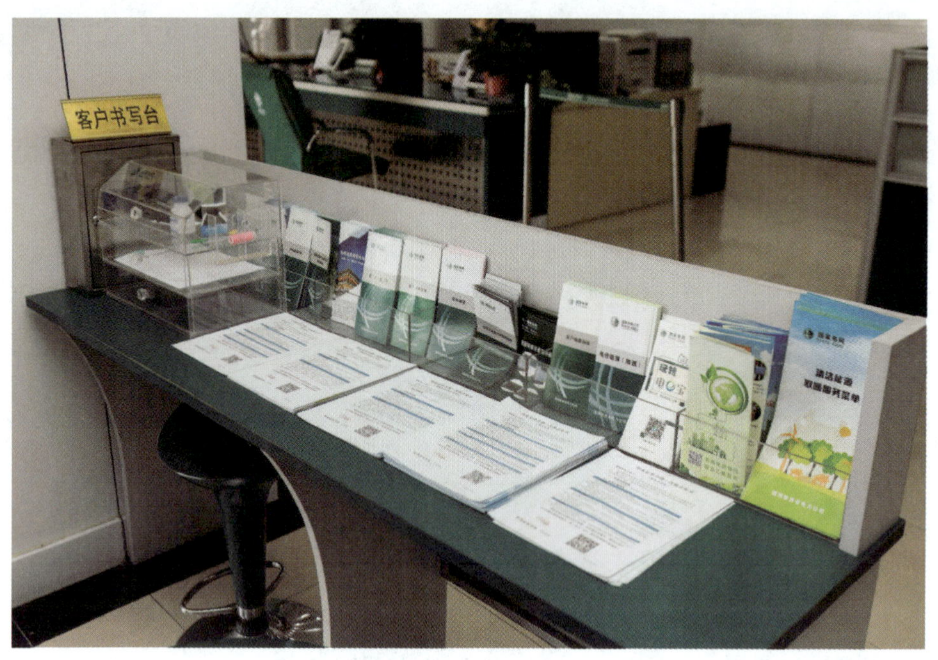

图 1–41　书写台规范图

4）宣传资料（见图 1–42）放置及发放要求如下：①将宣传资料分类放置在客户易见易取的位置；②保证宣传资料充足、齐全，摆放整齐有序；③宣传资料要及时更新；④引导客户到宣传资料架上取阅；⑤熟悉宣传资料的内容，根据需要发放相关宣传资料。

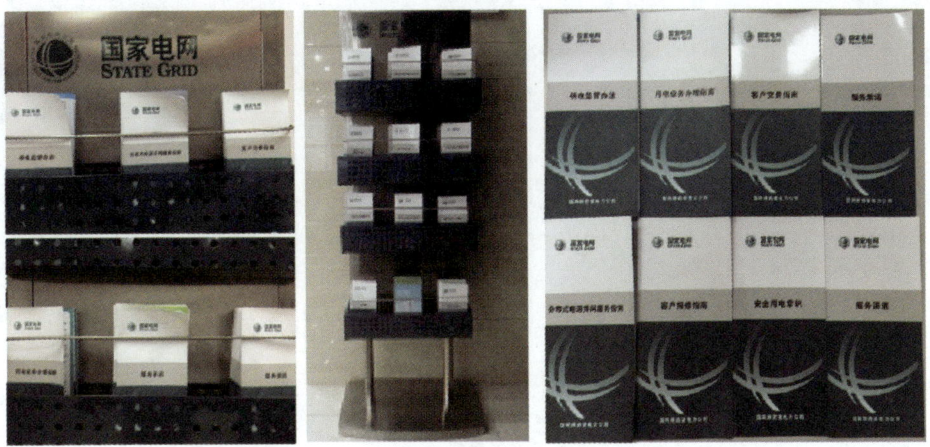

图 1-42　资料架规范图

第二部分

业务篇

第二章　业扩报装

第一节　高压新装（增容）

一、服务内容

高压新装（增容）用电业务是指10kV及以上电压等级供电的客户新装（增加合同约定容量）用电。

二、服务流程

本服务流程由业务受理开始，经供电方案答复、外部工程实施、装表接电3个环节，服务结束，如图2-1所示。

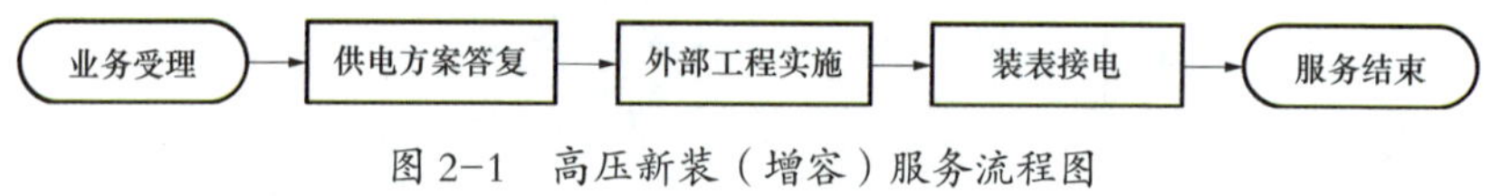

图2-1　高压新装（增容）服务流程图

1. 业务受理

业务受理员实行“首问负责制”“一证受理”“一次性告知”“一站式服务”。对于有特殊需求的客户群体，提供办电预约上门服务。营业厅按照“谁受理、谁跟踪、谁回访”要求，对所受理的业务进行全程跟踪，及时反馈客户各环节进度，在业务办结后进行回访。

（1）受理临柜客户用电申请时，主动询问客户申请意图，向客户提供业务办理告知书，告知客户需提交的资料清单、业务办理流程、收费项目及标准、监督电话等信息。业务受理员接收并查验客户申请资料，填写“非居民客户用电登记表”（见表 2-1）、“非居民客户主要用电设备清单”（见表 2-2），由客户签字确认后，在 20min 内在营销系统中发起高压新装（增容）业务流程，2h 内将流程推至客户经理，客户经理在 1 个工作日内主动联系客户进行申请确认及服务预约。对于申请资料暂不齐全的客户，在收到其用电主体资格证明并签署“非居民客户承诺书”后（见图 2-2），正式受理用电申请并启动后续流程，现场勘查时收资。已有客户资料或资质证件尚在有效期内，则无须客户再次提供。

表 2-1　　非居民客户用电登记表

<table>
<tr><th colspan="5">客户基本信息</th></tr>
<tr><td>户名</td><td></td><td>户号</td><td colspan="2"></td></tr>
<tr><td>证件名称</td><td></td><td>证件号码</td><td colspan="2"></td></tr>
<tr><td>行业</td><td></td><td>重要客户</td><td>是□</td><td>否□</td></tr>
<tr><td rowspan="2">用电地址</td><td colspan="4">县（市/区）　街道（镇/乡）　社区（居委会/村）</td></tr>
<tr><td colspan="4">道路　小区　组团（片区）</td></tr>
<tr><td>通信地址</td><td colspan="2"></td><td>邮编</td><td></td></tr>
<tr><td>电子邮箱</td><td colspan="4"></td></tr>
<tr><td>法定代表人</td><td></td><td>身份证号</td><td colspan="2"></td></tr>
<tr><td>固定电话</td><td></td><td>移动电话</td><td colspan="2"></td></tr>
<tr><th colspan="5">客户经办人资料</th></tr>
<tr><td>经 办 人</td><td></td><td>身份证号</td><td colspan="2"></td></tr>
<tr><td>固定电话</td><td></td><td>移动电话</td><td colspan="2"></td></tr>
</table>

续表

<table>
<tr><th colspan="6">用电需求信息</th></tr>
<tr><td>业务类型</td><td colspan="5">新装 □　增容 □　临时用电 □</td></tr>
<tr><td>用电类别</td><td colspan="5">工业□　非工业 □　商业 □　农业 □　其他 □</td></tr>
<tr><td>第一路
电源容量</td><td colspan="2">kV</td><td colspan="3">原有容量：　kVA
申请容量：　kVA</td></tr>
<tr><td>第二路
电源容量</td><td colspan="2">kV</td><td colspan="3">原有容量：　kVA
申请容量：　kVA</td></tr>
<tr><td>自备电源</td><td colspan="2">有 □　无 □</td><td colspan="3">容　量：　kV</td></tr>
<tr><td colspan="2">需要增值税发票</td><td>是□　否□</td><td colspan="2">特殊负荷（高次谐波、冲击性负荷、波动负荷、非对称性负荷等）</td><td>有□　无□</td></tr>
<tr><td colspan="6">特别说明：
本人（单位）已对本表及附件中的信息进行确认并核对无误，同时承诺提供的各项资料真实、合法、有效。

经办人签名（或单位盖章）</td></tr>
<tr><td rowspan="2">供电企业
填写</td><td colspan="2">受理人：</td><td colspan="3">申请编号：</td></tr>
<tr><td colspan="2">受理日期：</td><td colspan="3">供电企业（盖章）</td></tr>
</table>

表 2-2 非居民客户主要用电设备清单

<table>
<tr><td>户号</td><td colspan="3"></td><td>申请编号</td><td></td></tr>
<tr><td>户名</td><td colspan="5"></td></tr>
<tr><td>序号</td><td>设备名称</td><td>型号</td><td>数量</td><td>总容量
（kW/kVA）</td><td>负荷等级</td></tr>
<tr><td></td><td></td><td></td><td></td><td></td><td></td></tr>
<tr><td></td><td></td><td></td><td></td><td></td><td></td></tr>
<tr><td></td><td></td><td></td><td></td><td></td><td></td></tr>
<tr><td></td><td></td><td></td><td></td><td></td><td></td></tr>
<tr><td></td><td></td><td></td><td></td><td></td><td></td></tr>
<tr><td></td><td></td><td></td><td></td><td></td><td></td></tr>
<tr><td></td><td></td><td></td><td></td><td></td><td></td></tr>
<tr><td></td><td></td><td></td><td></td><td></td><td></td></tr>
<tr><td></td><td></td><td></td><td></td><td></td><td></td></tr>
<tr><td></td><td></td><td></td><td></td><td></td><td></td></tr>
<tr><td></td><td></td><td></td><td></td><td></td><td></td></tr>
<tr><td></td><td></td><td></td><td></td><td></td><td></td></tr>
<tr><td></td><td></td><td></td><td></td><td></td><td></td></tr>
<tr><td></td><td></td><td></td><td></td><td></td><td></td></tr>
<tr><td></td><td></td><td></td><td></td><td></td><td></td></tr>
<tr><td></td><td></td><td></td><td></td><td></td><td></td></tr>
<tr><td colspan="3">用电设备容量合计：
台 kW（kVA）</td><td colspan="3">根据用电设备容量及用电情况统计我户需求负荷为： kW。</td></tr>
<tr><td colspan="6">经办人签名（或单位盖章）
年 月 日</td></tr>
</table>

非居民客户承诺书

国网 × × 供电公司：

本人（单位）因______需要办理用电申请手续，此次申请用电的地址为______，申请用电的容量　　kVA（或 kW）。因______原因，目前暂时只能提供本单位的主体资格证明资料《______》，其他相应的用电申请资料在以下时间点提供：

在______（时间或环节）前提交资料 1：《____________》。

在______（时间或环节）前提交资料 2：《____________》。

……

为保证本单位能够及时用电，在提请供电公司先启动相关服务流程，我本人（单位）承诺：

1. 我方已清楚了解上述各项资料是完成用电报装的必备条件，不能在规定的时间提交将影响后续业务办理，甚至造成无法送电的结果。若因我方无法按照承诺时间提交相应资料，由此引起的流程暂停或终止、延迟送电等相应后果由我方自行承担。

2. 我方已清楚了解所提供各类资料的真实性、合法性、有效性、准确性是合法用电的必备条件。若因我方提供资料的真实性、合法性、有效性、准确性问题造成无法按时送电，或送电后在生产经营过程中发生事故，或被政府有关部门责令中止供电、关停、取缔等情况，所造成的法律责任和各种损失后果由我方全部承担。

用电人（承诺人）：

年　　月　　日

图 2-2　非居民客户承诺书

（2）收到客户“网上国网”手机 App、“95598”网站等电子渠道办电申请，业务受理员 1 个工作日内完成资料审核，并于当日将流程推送至客户经理，客户经理在 1 个工作日内主动联系客户进行申请确认及服务预约。对于申请资料暂不齐全的客户，按照“一证受理”要求办理，由客户经理在现场勘查时收资。

（3）实行同一地区可跨营业厅受理办电申请。各级供电营业厅，均应受理各电压等级客户用电申请。同城异地营业厅应在 1 个工作日内将收集的客户报装资料传递至属地营业厅，实现“内转外不转”。

2. 供电方案答复

供电方案是由客户经理依据供电方案编制有关规定和技术标准要求，结合现场勘查结果、电网规划、用电需求及当地供电条件等因素，经过技术经济比较、与客户协商一致后确定。高压供电方案有效期 1 年，低压供电方案有效期 3 个月。供电方案答复期限：自受理客户用电申请之日起，10 ~ 35kV 单电源客户不超过 15 个工作日；10 ~ 35kV 免审批或可开放容量范围内双电源客户不超过 20 个工作日，受限且超出免审批容量或超出可开放容量范围双电源客户不超过 25 个工作日；110、330kV 单电源客户不超过 15 个工作日，双电源客户不超过 30 个工作日。

根据“一口对外”原则，客户经理按照供电方案答复时限规定，将“供电方案答复单”传递至受理营业厅，营业厅业务受理员在 2h 内电话通知客户领取供电方案答复单，并可根据客户需求提供邮寄服务。

若需变更供电方案，应履行相关审查程序，其中，对于客户需求变化造成供电方案变更的，应书面告知客户重新办理用电申请手续；对于电网原因造成供电方案变更的，应与客户沟通协商，重新确定供电方案后答复客户。供电方案确定后需要实施业扩配套工程的，客户经理 1 个工作日内报运检部。

3. 外部工程实施

业务受理员明确告知客户自主选择产权范围内工程的设计、施工、供货单位，依据供电方案开展工程设计和施工，并推荐客户采用供电公司免费提供的“客户工程典型设计”。

对于重要或者有特殊负荷（高次谐波、冲击性负荷、波动负荷、非对称性负荷等）的客户，开展设计文件审查和中间检查。客户将设计单位资质、施工图纸报送至营业厅，提交审图申请。营业厅业务受理员 1 个工作日内将设计资料传递至客户经理。客户经理 10 个工作日内答复审图结果通知单，并将结果通知单传递至受理营业厅，营业厅业务受理员在 2h 内电话通知客户领取，并可根据客户需求提供邮寄服务。设计文件审查期限：自受理之日起，高压客户不超过 10 个工作日。重要或者有特殊负荷的客户在电缆管沟、接地网等隐蔽工程覆盖前，应申请中间检查。营业厅业务受理员 1 个工作日内将中间检查申请传递至客户经理。客户经理 3 个工作日内答复中间检查结果通知单，并将结果通知单传递至受理营业厅，营业厅业务受理员在 2h 内电话通知客户领取，并可根据客户需求提供邮寄服务。中间检查的期限：自接到客户申请之日起，高压供电客户不超过 3 个工作日。对于普通客户，实行设计单位资质、施工图纸与竣工资料合并报送。客户将以上资料送至营业厅，营业厅业务受理员 1 个工作日内传递至客户经理。客户经理在竣工报验前查验设计、施工单位资质。

工程竣工后，客户应及时向营业厅提交竣工检验申请，营业厅业务受理员 1 个工作日内将竣工检验申请传递至客户经理。客户经理 5 个工作日内答复竣工检验结果通知单，并将结果通知单传递至受理营业厅，营业厅业务受理员在 2h 内电话通知客户领取，并可根据客户需求提供邮寄服务。竣工检验的期限：自受理之日起，高压客户不超过 5 个工作日。

4. 装表接电

在竣工检验合格，签订“供用电合同”及相关协议，并按照政府物价部门批准的收费标准结清业务费用后，5 个工作日内完成送电。对于客户有特殊要求的，按照与客户约定的时间装表接电。业务办结后，业务受理员在 3 个工作日内回访客户。

三、申请资料

申请资料清单见表 2–3。

表 2–3 申请资料清单

<table>
<tr><th>序号</th><th>资料名称</th><th>备注</th></tr>
<tr><td>1</td><td>用电主体资格证明材料（如身份证、营业执照、组织机构代码证等）</td><td>申请时必备。已提供加载统一社会信用代码的营业执照的，不再要求提供组织机构代码和税务登记证明</td></tr>
<tr><td>2</td><td>客户承诺书（如果客户申请时提供了所有齐全资料的，可不要求签署该承诺书）</td><td rowspan="2">如果暂不能提供与用电人身份一致的有效产权证明原件及复印件的，签署承诺书后可在后续环节补充</td></tr>
<tr><td>3</td><td>产权证明（复印件）或其他证明文书</td></tr>
<tr><td>4</td><td>企业、工商、事业单位、社会团体的申请用电委托代理人办理时，应提供：
（1）授权委托书或单位介绍信（原件）。
（2）经办人有效身份证明复印件（包括身份证、军人证、护照、户口簿或公安机关户籍证明等）</td><td>非企业负责人（法定代表人）办理时必备</td></tr>
<tr><td>5</td><td>政府职能部门有关本项目立项的批复、核准、备案文件</td><td>高危及重要客户、高耗能客户必备</td></tr>
<tr><td>6</td><td>高危及重要客户：
（1）保安负荷具体设备和明细。
（2）非电性质安全措施相关资料。
（3）应急电源（包括自备发电机组）相关资料</td><td>高危及重要客户必备</td></tr>
<tr><td>7</td><td>煤矿客户需增加以下资料：
（1）采矿许可证。
（2）安全生产许可证</td><td>煤矿客户必备</td></tr>
</table>

续表

序号	资料名称	备注
8	非煤矿山客户需增加以下资料: （1）采矿许可证。 （2）安全生产许可证。 （3）政府主管部门批准文件	非煤矿山客户必备
9	税务登记证复印件	根据客户用电主体类别提供。已提供加载统一社会信用代码的营业执照的，不再要求提供税务登记证明
10	一般纳税人资格复印件	需要开具增值税发票的客户必备
11	对涉及国家优待电价的，应提供政府有权部门核发的资质证明和工艺流程	享受国家优待电价的客户必备

注 1. 上述资料所提供复印件需加盖单位公章。
2. 增容、变更用电时，客户前期已提供且在有效期以内的资料无须再次提供。

四、话术指南

（1）问：除了营业厅受理方式外，还有哪些方式可以办理这个业务？

答：您好，我们目前提供营业厅受理和电子渠道受理（简称线下和线上）两种方式，除了营业厅您还可通过“网上国网”手机 App、“95598”网站等电子渠道进行办理。

（2）问：高压新装（增容）多长时间能办理完成？

答：您好，高压新装（增容）业务办理有业务受理、供电方案答复、外部工程施工、装表接电 4 个环节。

供电方案答复期限：自受理客户用电申请之日起，高压单电源客户不超过 15 个工作日；高压双电源客户不超过 30 个工作日。

设计文件审查期限：自受理之日起，高压客户不超过 10 个工作日。

中间检查的期限：自接到客户申请之日起，高压供电客户不超过 3 个工作日。

竣工检验的期限：自受理之日起，高压客户不超过5个工作日。

装表接电期限：对于高压客户，在竣工检验合格，签订供用电合同，并办结相关手续后，5个工作日内完成送电。对于客户有特殊要求的，按照与客户约定的时间装表接电。

（3）问：高可靠性供电费用怎么收取呢？

答：您好，高可靠性供电费用［对两路及以上多回路供电（含备用电源、保安电源）的电力客户］收取，具体见表2–4。

表2–4 高可靠性供电费用收取

用户受电电压等级（kV）	高可靠性供电费用（元/kVA）	
	架空线路	电缆线路
10	210	315
35	160	240
63	105	158
110	80	120
220/330	60	90

注 高可靠性供电费收取范围：申请新装（增容）两路及以上多回路供电（含备用电源、保安电源）的电力客户，按照除供电容量最大的供电回路外，其余的供电回路所供容量之和计收。

（4）问：如果我自己找设计、施工、供货单位，你们有没有限制和要求？

答：您好，您可以自主选择产权范围内工程的设计、施工及供货单位。受电工程应根据供电方案答复单进行设计，您所委托的设计单位应取得建设部门颁发的相应级别的设计资质和其他必备的资质条件。您所委托的施工单位应取得电力监管机构颁发的相应级别的“承装（修、试）电力设施许可证”。所购买的高压电气设备应取得国家认定机构出具的型式试验报告，低压电气设备应获得国家强制性产品认证证书（即 3C 证书），提倡使用节能电气产品，严禁使用国家明令淘汰的电气产品。如您选择不符合条件的设计、施工、设备供应单位或电气产品，受电工程将不能接入电网运行。

（5）问：具备设计资质的公司在哪里可以查询的到？

答：您好，具备设计资质的公司查询方法：通过互联网，登录陕西省住房和城乡建设厅（http://js.shaanxi.gov.cn/）点击“政务公开”，再点击“行政审批公告”。

（6）问：如何查询具备承装（修、试）电力设施资质的公司？

答：您好，通过互联网，登录国家能源局西北监管局网站（http://xbj.nea.gov.cn/），在主页找到信息披露，点击进入，再点击打开页面的“行政许可”，就可以查询公司的承装（修、试）资质。

（7）问：我应该选择哪一级的承装（修、试）电力设施许可证？

答：您好，取得一级承装类承装（修、试）电力设施许可证的，可以承担所有电压等级输电、供电、受电电力设施的安装。取得二级承装类承装（修、试）电力设施许可证的，可以承担 220kV 以下输电、供电、受电电力设施的安装。取得三级承装类承装（修、试）电力设施许可证的，可以承担 110kV 以下输电、供电、受电电力设施的安装。取得四级承装类承装（修、试）电力设施许可证的，可以承担 35kV 以下输电、供电、受电电力设施的安装。取得五级承装类承装（修、试）电力设施许可证的，可以承担 10kV 以下输电、供电、受电电力设施的安装。

（8）问：高压新装增容过程中，如果有问题，我应该联系谁？

答：您好，在业务受理之后，我们会为您指定一位客户经理全程与您对接，3 个工作日内专属的客户经理会主动电话联系您，并全程为您解答和处理问题。也欢迎您随时联系我，我的电话是 ×××××××（营业厅电话），随时为您服务。

（9）问：办电过程中，我如何及时了解进度？

答：您好，在办电过程中，每次环节更新时，我们营业厅工作人员都会电话通知您，也欢迎您随时来电询问办电进度。如果您是通过电子渠道办理的，您还可以登录“网上国网”手机 App、“95598”网站等随时查询办电进度。

五、依据来源

（1）国网（营销/3）378—2017 国家电网有限公司关于印发《国家电网有限公司营销项目管理办法》等 7 项通用制度的通知（国家电网有限公司业扩报装管理规则）。

（2）陕电营销〔2017〕73 号《国网陕西省电力公司关于进一步压缩业扩报装全流程时间的通知》。

（3）国家电网办〔2018〕150 号《国家电网有限公司关于印发报装接电专项治理行动优化营商环境工作方案的通知》。

（4）国能监管〔2017〕110 号《国家能源局关于印发压缩用电报装时间实施方案的通知》。

（5）陕电办〔2015〕27 号《国网陕西省电力公司关于印发进一步精简业扩手续提高办电效率实施细则的通知》。

第二节 低压非居民新装（增容）

一、服务内容

低压非居民新装业务是指 380V/220V 电压等级供电的除居民生活用电性质以外的客户新装（增容）用电。

二、服务流程

本服务流程由业务受理开始，经外部工程实施、装表接电 2 个环节，服务结束。具备直接装表条件的，取消“外部工程实施”环节。其流程图如图 2-3 所示。

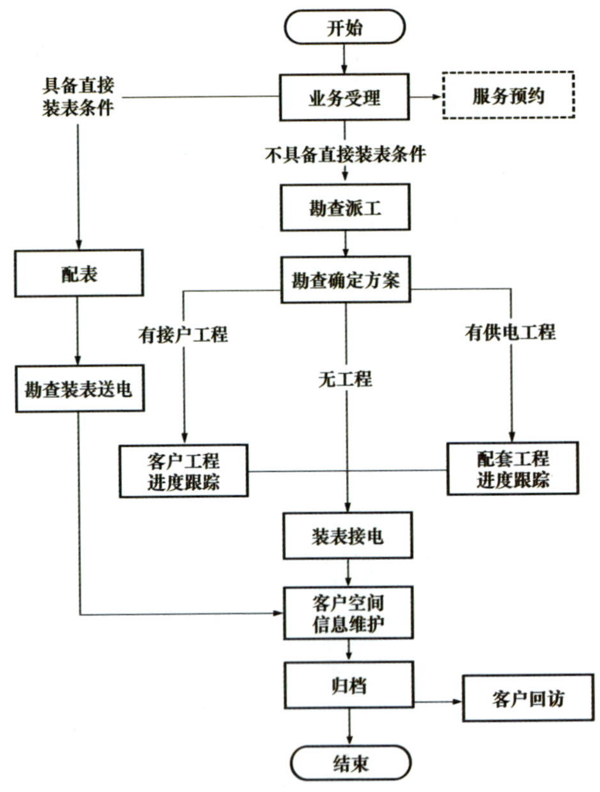

图 2-3 低压非居民新装（增容）流程图

1. 业务受理

业务受理员实行“首问负责制”“一证受理”“一次性告知”“一站式服务”。对于有特殊需求的客户群体，提供办电预约上门服务。营业厅按照“谁受理、谁跟踪、谁回访”要求，对所受理的业务进行全程跟踪，在业务办结后进行回访。

（1）受理临柜客户用电申请时，主动询问客户申请意图，向客户提供业务办理告知书，告知客户需提交的资料清单、业务办理流程、收费项目及标准、监督电话等信息。业务受理员接收并查验客户申请资料，填写“非居民客户用电登记表”（见表 2–1）、“非居民客户主要用电设备清单”（见表 2–2），由客户签字确认后，在 20min 内在营销系统中发起低压非居民新装（增容）业务流程，2h 内将流程推至客户经理，客户经理在 1 个工作日内主动联系客户进行申请确认及服务预约。对于申请资料暂不齐全的客户，在收到其用电主体资格证明并签署“非居民客户承诺书”后（见图 2–2），正式受理用电申请并启动后续流程，现场勘查时收资。已有客户资料或资质证件尚在有效期内，则无须客户再次提供。

（2）收到客户“网上国网”手机 App、“95598”网站等电子渠道办电申请，业务受理员 1 个工作日内完成资料审核，并于当日将流程推送至客户经理，客户经理在 1 个工作日内主动联系客户进行申请确认及服务预约。对于申请资料暂不齐全的客户，按照“一证受理”要求办理，由客户经理在现场勘查时收资。

（3）实行同一地区可跨营业厅受理办电申请。各级供电营业厅，均应受理各电压等级客户用电申请。同城异地营业厅应在 1 个工作日内将收集的客户报装资料传递至属地营业厅，实现“内转外不转”。

2. 外部工程施工

具备直接装表条件的，在勘查确定供电方案后当场装表接电，无“外部工程实施”环节；不具备直接装表条件的，客户经理在现场勘查时答复客户供电方案，依据供电方案开展工程施工。

供电企业与客户签订供用电合同，明确产权分界点，产权分界点以下部分由客户负责施工，产权分界点以上部分由供电企业负责施工，供电企业施工部分不收取任何费用。客户产权范围内的工程，由其自主选择具备相应资质的设计、施工、供货单位。

3. 装表接电

具备直接装表条件的，在勘查确定供电方案后当场装表接电；不具备直接装表条件的，在现场勘查时答复客户供电方案，根据与客户约定时间或电网配套工程竣工当日装表接电。业务办结后，业务受理员在 3 个工作日内回访客户。

装表接电期限：对于无外线工程的低压非居民客户，在正式受理用电申请后，4 个工作日内完成装表接电；对于有外线工程的低压非居民客户，在受理用电申请后 8 个工作日内完成装表接电；

对于无电网配套工程的低压非居民客户，在正式受理用电申请后，3 个工作日内完成装表接电工作；对于有电网配套工程的客户，在供电方案答复后，10 个工作日完成电网配套工程建设，工程完工当日装表接电。

三、申请资料

申请资料清单见表 2–3。

四、话术指南

（1）问：除了营业厅受理方式外，还有哪些方式可以办理这个业务？

答：您好，我们目前提供营业厅受理和电子渠道受理（简称线下和线上）两种方式，除了营业厅您还可通过“网上国网”手机 App、“95598”网站等电子渠道进行办理。

（2）问：低压非居民新装（增容）多长时间能办理完成？

答：您好，低压非居民新装（增容）业务办理有业务受理、供电方案答复、装表接电 3 个环节。

供电方案答复期限：自受理客户用电申请之日起，不超过 5 个工作日。

装表接电期限：在竣工检验合格，签订供用电合同，并办结相关手续后，3 个工作日内完成送电。

（3）问：低压非居民新装（增容）怎么收费呢？

答：您好，低压非居民客户新装（增容）业务办理不收费。

（4）问：低压非居民新装（增容）过程中，如果有问题，我应该联系谁？

答：您好，在业务受理之后，1 个工作日内客户经理会主动电话联系您，并全程为您解答和处理问题。也欢迎您随时联系我，我的电话是 ×××××××（营业厅电话），随时为您服务。

（5）问：办电过程中，我如何及时了解进度？

答：您好，在办电过程中，您可以拨打我的电话 ×××××××（营业厅电话），随时询问办电进度。如果您是通过电子渠道办理的，您还可以登录“网上国网”手机 App、“95598”网站等查询办电进度。

（6）问：如果我自己找施工和设备单位，你们有没有限制和要求？

答：您好，如果您的用电申请涉及工程施工，请您自主选择有相应资质的施工单位和设备材料供应单位。您所委托的施工单位应取得电力监管机构颁发的相应级别的“承装（修、试）电力设施许可证”。所购买的低压电气设备应获得国家强制性产品认证证书（即 3C 证书），提倡使用节能电气产品，严禁使用国家明令淘汰的电气产品。

（7）问：产权分界点是怎么规定的？

答：您好，根据国家有关规定，产权分界点是双方运行维护管理以及安全责任范围的分界点。产权分界点以下部分（用户侧）由您负责施工，产权分界点以上部分（电源侧）由我公司负责施工，产权分界点我公司将与您在供用电合同中约定。

五、依据来源

（1）国网（营销/3）378—2017 国家电网有限公司关于印发《国家电网有限公司营销项目管理办法》等 7 项通用制度的通知（国家电网有限公司业扩报装管理规则）。

（2）陕电营销〔2017〕73 号《国网陕西省电力公司关于进一步压缩业扩报装全流程时间的通知》。

（3）国家电网办〔2018〕150 号《国家电网有限公司关于印发报装接电专项治理行动优化营商环境工作方案的通知》。

（4）国能监管〔2017〕110 号《国家能源局关于印发压缩用电报装时间实施方案的通知》。

（5）陕电办〔2015〕27 号《国网陕西省电力公司关于印发进一步精简业扩手续提高办电效率实施细则的通知》。

第三节 低压居民新装（增容）

一、服务内容

低压居民新装（增容）用电业务是指380V/220V电压等级供电的居民生活用电性质的客户新装（增容）用电。

二、服务流程

本服务流程：由业务受理开始，经外部工程实施、装表接电2个环节，服务结束。具备直接装表条件的，取消“外部工程实施”环节。其流程如图2-4所示。

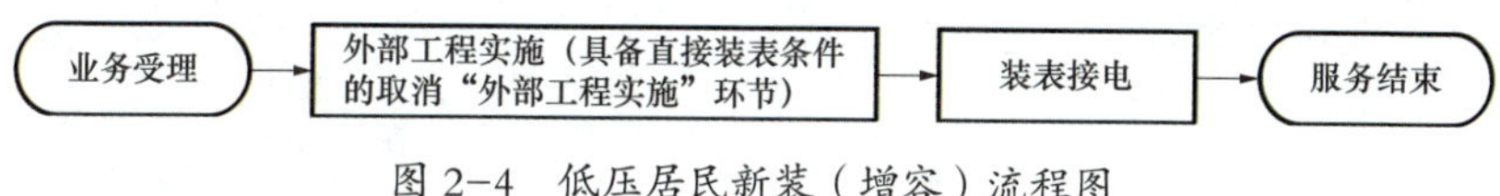

图2-4 低压居民新装（增容）流程图

1. 业务受理

业务受理员实行“首问负责制”“一证受理”“一次性告知”“一站式服务”。对于有特殊需求的客户群体，提供办电预约上门服务。营业厅按照“谁受理、谁跟踪、谁回访”要求，对所受理的业务进行全程跟踪，及时反馈客户各环节进度，在业务办结后进行回访。

（1）受理临柜客户用电申请时，主动询问客户申请意图，向客户提供业务办理告知书，告知客户需提交的资料清单、业务办理流程、收费项目及标准、监督电话等信息。业务受理员接收并查验客户申请资料，20min内在营销系统中发起低压非居民新装（增容）业务流程，2h内将流程推至客户经理，客户经理在1个工作日内主动联系客户进行申请确认及服务预约。对于申请资料暂不齐全的客户，在收到其用电主体资格证明并签署“居民客户承诺书”后（见图2-5），正式受理用电申请并启动后续流程，现场勘查时收资。已有客户资料或资质证件尚在有效期内，则无须客户再次提供。

居民客户承诺书

（说明：如果客户申请时提供了与用电人身份一致的有效产权证明原件及复印件的，可不要求签署该承诺书。）

国网 ×× 供电公司：

本人申请居民用电的地址为________。本人承诺提供的身份证明资料（证件名称:________，证件号码:________________）真实、合法、有效，并与该用电地址的产权人一致。本人已清楚了解用电地址房屋产权以及用电人身份的真实性、合法性、有效性、一致性是完成用电报装、合法用电的必备条件。若因本人提供资料的真实性、合法性、有效性、一致性问题造成的流程暂停或终止、无法按时送电，或送电后发生各种法律纠纷，或被政府有关部门责令中止供电等情况，供电公司有权按照政府部门或实际产权人要求拆表中止供电，所造成的法律责任和各种损失后果由本人全部承担。

用电人（承诺人）：

年　　月　　日

图 2-5　居民客户承诺书

（2）收到客户“网上国网”手机 App、“95598”网站等电子渠道办电申请，业务受理员 1 个工作日内完成资料审核，并于当日将流程推送至客户经理，客户经理在 1 个工作日内主动联系客户进行申请确认及服务预约。对于申请资料暂不齐全的客户，按照“一证受理”要求办理，由客户经理在现场勘查时收资。

（3）实行同一地区可跨营业厅受理办电申请。各级供电营业厅，均应受理各电压等级客户用电申请。同城异地营业厅应在 1 个工作日内将收集的客户报装资料传递至属地营业厅，实现“内转外不转”。

2. 外部工程施工

具备直接装表条件的，在勘查确定供电方案后当场装表接电，无“外部工程实施”环节；不具备直接装表条件的，客户经理在现场勘查时答复客户供电方案，依据供电方案开展工程施工。

根据国家有关规定，产权分界点是供用电双方运行维护管理以及安全责任范围的分界点。计费电能表的出线端处为双方产权分界点，产权分界点以上部分（电源侧）的线路等配电设施及计费电能表由供电方出资、安装并归其所有，产权分界点以下部分（用户侧）的线路及防触电、漏电的剩余电流动作保护器（俗称漏电保护器）等用电设施由用电方出资、安装并归其所有。

3. 装表接电

具备直接装表条件的，在勘查确定供电方案后当场装表接电；不具备直接装表条件的，在现场勘查时答复客户供电方案，根据与客户约定时间或电网配套工程竣工当日装表接电。业务办结后，业务受理员在 3 个工作日内回访客户。

对于无电网配套工程的低压居民客户，在正式受理用电申请后，2 个工作日内完成；对于有电网配套工程的低压居民客户，在受理用电申请后 12 个工作日内完成；对有特殊要求的客户，按照与客户约定的时间完成。

对于无外线工程的低压居民客户，在正式受理用电申请后，3 个工作日内完成装表接电；对于有外线工程的低压居民客户，在受理用电申请后 5 个工作日内完成装表接电。

对于无电网配套工程的低压居民客户，在正式受理用电申请后，2 个工作日内完成装表接电工作；对于有电网配套工程的居民客户，在供电方案答复之日起，10 个工作日内完成电网配套工程建设，工程完工当日装表接电。

三、申请资料

申请资料见表 2–5。

表 2–5 申请资料

序号	居民客户资料名称	备注
1	用电主体资格证明材料，即与房屋产权人一致的用电人身份证明［如居民身份证、临时身份证、户口本、军官证或士兵证、台胞证、港澳通行证、外国护照、外国永久居留证（绿卡），或其他有效身份证明文书等］原件及复印件	申请时必备
2	客户承诺书（如果客户申请时提供了与用电人身份一致的有效产权证明原件及复印件的，可不要求签署该承诺书）	如果暂不能提供与用电人身份一致的有效产权证明原件及复印件的，签署承诺书后可在后续环节补充
3	产权证明（复印件）或其他证明文书	

注 1. 上述资料所提供复印件需加盖单位公章。
2. 增容、变更用电时，客户前期已提供且在有效期以内的资料无须再次提供。

四、话术指南

（1）问：除了营业厅受理方式外，还有哪些方式可以办理这个业务？

答：您好，我们目前提供营业厅受理和电子渠道受理（简称线下和线上）两种方式，除了营业厅您还可通过“网上国网”手机 App、“95598”网站等电子渠道进行办理。

（2）问：低压居民新装（增容）多长时间能办理完成？

答：您好，居民新装（增容）业务办理有供电方案答复、竣工检验、装表接电 3 个环节。

供电方案答复期限：自受理客户用电申请之日起，不超过2个工作日。

竣工检验的期限：自受理之日起，不超过3个工作日。

装表接电期限：在竣工检验合格，签订供用电合同，并办结相关手续后，2个工作日内完成送电。

（3）问：低压居民新装（增容）怎么收费呢？

答：您好，低压居民客户新装（增容）业务办理不收费。

（4）问：低压居民新装（增容）过程中，如果有问题，我应该联系谁？

答：您好，在业务受理之后，1个工作日内客户经理会主动电话联系您，并全程为您解答和处理问题。也欢迎您随时联系我，我的电话是×××××××（营业厅电话），随时为您服务。

（5）问：办电过程中，我如何及时了解进度？

答：您好，在办电过程中，您可以拨打我的电话×××××××（营业厅电话），随时询问办电进度。如果您是通过电子渠道办理的，您还可以登录“网上国网”手机App、“95598”网站等查询办电进度。

（6）问：居民客户的产权分界点是如何规定的？

答：您好，根据国家有关规定，产权分界点是供用电双方运行维护管理以及安全责任范围的分界点。计费电能表的出线端处为双方产权分界点，产权分界点以上部分（电源侧）的线路等配电设施及计费电能表由供电方出资、安装并归其所有，产权分界点以下部分（用户侧）的线路及防触、漏电的剩余电流动作保护器（俗称漏电保护器）等用电设施由用电方出资、安装并归其所有。

五、依据来源

（1）国网（营销/3）378—2017国家电网有限公司关于印发《国家电网有限公司营销项目管理办法》等7项通用制度的通知（国家电网有限公

司业扩报装管理规则）。

（2）陕电营销〔2017〕73 号《国网陕西省电力公司关于进一步压缩业扩报装全流程时间的通知》。

（3）国家电网办〔2018〕150 号《国家电网有限公司关于印发报装接电专项治理行动优化营商环境工作方案的通知》。

（4）营销营业〔2017〕40 号《国网营销部关于印发变更用电及低压居民新装（增容）业务工作规范（试行）的通知》。

（5）国能监管〔2017〕110 号《国家能源局关于印发压缩用电报装时间实施方案的通知》。

（6）陕电办〔2015〕27 号《国网陕西省电力公司关于印发进一步精简业扩手续提高办电效率实施细则的通知》。

第四节　低压非居民批量新装

一、服务内容

低压非居民批量新装是指低压非居民客户批量申请新装用电的业务，如成批的商铺等整体或批量申请的低压部分用电新装，一般由开发商、物业等管理单位统一收集用电客户资料，代为办理。

二、服务流程

本服务流程由业务受理开始，经外部工程施工、装表接电2个环节，服务结束。具备直接装表条件的，取消"外部工程实施"环节。其流程图如图2-6所示。

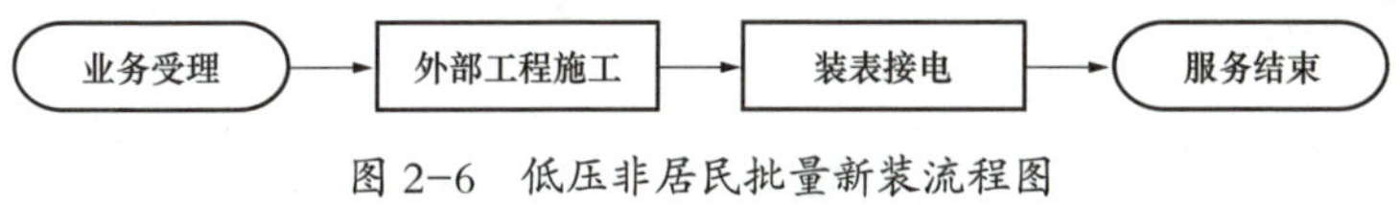

图 2-6　低压非居民批量新装流程图

1. 业务受理

业务受理员实行"首问负责制""一证受理""一次性告知""一站式服务"。对于有特殊需求的客户群体，提供办电预约上门服务。营业厅按照"谁受理、谁跟踪、谁回访"要求，对所受理的业务进行全程跟踪，在业务办结后进行回访。

业务受理员接到低压批量新装申请时，接收并查验客户申请资料，填写"低压批量用电登记表"（见表2-6）、"低压批量用电清单"（见表2-7），由客户签字确认后，在20min内在营销系统中发起低压批量新装业务流程，2h内将流程推至客户经理，客户经理在1个工作日内主动联系客户进行申请确认及服务预约。对于申请资料暂不齐全的客户，在收到其用电主体资格证明并签署"非居民客户承诺书"后（见图2-2），正式受理用电申请并启动后续流程，现场勘查时收资。已有客户资料或资质证件尚在有效期内，则无须客户再次提供。

表2-6　　低压批量用电登记表

<table>
<tr><th colspan="4">客户基本信息</th></tr>
<tr><td>户名</td><td></td><td>户号</td><td></td></tr>
<tr><td rowspan="2">用电地址</td><td colspan="3">县（市/区）　街道（镇/乡）　社区（居委会/村）</td></tr>
<tr><td colspan="3">道路　小区　组团（片区）</td></tr>
<tr><td>用电类别</td><td></td><td>申请户数</td><td></td></tr>
<tr><td>单户容量</td><td>kW</td><td>总容量</td><td>kW</td></tr>
<tr><th colspan="4">经办单位信息</th></tr>
<tr><td>经办单位</td><td colspan="3"></td></tr>
<tr><td>单位地址</td><td colspan="3"></td></tr>
<tr><td>通信地址</td><td></td><td>邮编</td><td></td></tr>
<tr><td>电子邮箱</td><td></td><td>传真</td><td></td></tr>
<tr><td>经办人</td><td></td><td>身份证号</td><td></td></tr>
<tr><td>固定电话</td><td></td><td>移动电话</td><td></td></tr>
<tr><th colspan="4">告知事项</th></tr>
<tr><td colspan="4"></td></tr>
<tr><td colspan="4">特别说明：
本人（单位）已对本表及附件中的信息进行确认并核对无误，同时承诺提供的各项资料真实、合法、有效 。

经办人签名（单位盖章）：__________

年　月　日</td></tr>
<tr><td rowspan="2">供电企业填写</td><td>受理人员：</td><td colspan="2">申请编号：</td></tr>
<tr><td>受理日期：　年　月　日</td><td colspan="2">供电企业（盖章）：</td></tr>
</table>

表 2-7 低压批量用电清单

<table>
<tr><td colspan="2">经办单位</td><td colspan="2"></td><td>申请编号</td><td></td></tr>
<tr><td colspan="2">用电地址</td><td colspan="4">______幢______单元（不同单元分页填写）共____页，第____页</td></tr>
<tr><td>序号</td><td>室号</td><td>户名</td><td>用电容量（kW）</td><td>身份证号码（或其他证件号码）</td><td>移动电话</td></tr>
<tr><td>1</td><td></td><td></td><td></td><td></td><td></td></tr>
<tr><td>2</td><td></td><td></td><td></td><td></td><td></td></tr>
<tr><td>3</td><td></td><td></td><td></td><td></td><td></td></tr>
<tr><td>4</td><td></td><td></td><td></td><td></td><td></td></tr>
<tr><td>5</td><td></td><td></td><td></td><td></td><td></td></tr>
<tr><td>6</td><td></td><td></td><td></td><td></td><td></td></tr>
<tr><td>7</td><td></td><td></td><td></td><td></td><td></td></tr>
<tr><td>8</td><td></td><td></td><td></td><td></td><td></td></tr>
<tr><td>9</td><td></td><td></td><td></td><td></td><td></td></tr>
<tr><td>10</td><td></td><td></td><td></td><td></td><td></td></tr>
<tr><td>11</td><td></td><td></td><td></td><td></td><td></td></tr>
<tr><td>12</td><td></td><td></td><td></td><td></td><td></td></tr>
<tr><td>13</td><td></td><td></td><td></td><td></td><td></td></tr>
<tr><td>14</td><td></td><td></td><td></td><td></td><td></td></tr>
<tr><td>15</td><td></td><td></td><td></td><td></td><td></td></tr>
<tr><td>16</td><td></td><td></td><td></td><td></td><td></td></tr>
<tr><td>17</td><td></td><td></td><td></td><td></td><td></td></tr>
<tr><td>18</td><td></td><td></td><td></td><td></td><td></td></tr>
<tr><td>19</td><td></td><td></td><td></td><td></td><td></td></tr>
<tr><td>20</td><td></td><td></td><td></td><td></td><td></td></tr>
<tr><td>21</td><td></td><td></td><td></td><td></td><td></td></tr>
<tr><td>22</td><td></td><td></td><td></td><td></td><td></td></tr>
<tr><td>23</td><td></td><td></td><td></td><td></td><td></td></tr>
<tr><td colspan="6">经办人签名（单位盖章）： 年 月 日</td></tr>
</table>

2. 外部工程施工

客户经理根据供电方案、设计文件确认安装条件。具备直接装表条件的，在勘查确定供电方案后，根据客户意向接电时间及施工进度装表接电，无“外部工程实施”环节；不具备直接装表条件的，客户经理在现场勘查时答复客户供电方案，依据供电方案开展工程施工。

供电企业与客户签订供用电合同，明确产权分界点，产权分界点以下部分由客户负责施工，产权分界点以上部分由供电企业负责施工，供电企业施工部分不收取任何费用。客户产权范围内的工程，由其自主选择具备相应资质的设计、施工、供货单位。

3. 装表接电

在签订供用电合同及相关协议后，按照与客户约定时间或电网配套工程竣工后集中装表接电。接电后，由供电企业核对户表供电关系是否正确。业务办结后，业务受理员在 3 个工作日内回访客户。

三、申请资料

申请资料见表 2–8。

表 2–8 申请资料

序号	资料名称	备注
1	用电主体资格证明材料（如身份证、营业执照、组织机构代码证等）	申请时必备。已提供加载统一社会信用代码的营业执照的，不再要求提供组织机构代码和税务登记证明
2	客户承诺书（如果客户申请时提供了所有齐全资料的，可不要求签署该承诺书）	如果暂不能提供与用电人身份一致的有效产权证明原件及复印件的，签署承诺书后可在后续环节补充
3	产权证明（复印件）或其他证明文书	

续表

序号	资料名称	备注
4	企业、工商、事业单位、社会团体的申请用电委托代理人办理时，应提供： （1）授权委托书或单位介绍信（原件）。 （2）经办人有效身份证明复印件（包括身份证、军人证、护照、户口簿或公安机关户籍证明等）	非企业负责人（法定代表人）办理时必备
5	政府职能部门有关本项目立项的批复、核准、备案文件	高危及重要客户、高耗能客户必备
6	高危及重要客户： （1）保安负荷具体设备和明细。 （2）非电性质安全措施相关资料。 （3）应急电源（包括自备发电机组）相关资料	高危及重要客户必备
7	煤矿客户需增加以下资料： （1）采矿许可证。 （2）安全生产许可证	煤矿客户必备
8	非煤矿山客户需增加以下资料： （1）采矿许可证。 （2）安全生产许可证。 （3）政府主管部门批准文件	非煤矿山客户必备
9	税务登记证复印件	根据客户用电主体类别提供。已提供加载统一社会信用代码的营业执照的，不再要求提供税务登记证明
10	一般纳税人资格复印件	需要开具增值税发票的客户必备
11	对涉及国家优待电价的应提供政府有权部门核发的资质证明和工艺流程	享受国家优待电价的客户必备

注　低压批量新装还需提供以下资料：①政府发展改革委员会部门立项或批复文件原件及复印件。②地市政府部门的“一书两证”原件及复印件，即建设用地规划选址意见书原件及复印件、建设用地规划许可证原件及复印件、建设工程许可证原件及复印件。③地市国土局下发的建设用地规划许可证原件及复印件。④总平面图原件及复印件，建筑总平面图、用电负荷特性说明、用电设备明细表、近期及远期用电容量。

四、话术指南

（1）问：除了营业厅受理方式外，还有哪些方式可以办理这个业务？

答：您好，十分抱歉，目前低压批量新装暂不支持“电子渠道”，请您就近前往营业厅受理，实行“一证受理”，直接确认资料的有效性和完整性。

（2）问：低压非居民批量新装怎么收费呢？

答：您好，低压非居民批量新装业务办理不收费。

（3）问：低压非居民批量新装过程中，如果有问题，我应该联系谁？

答：您好，在业务受理之后，1 个工作日内客户经理会主动电话联系您，并全程为您解答和处理问题。也欢迎您随时联系我，我的电话是 ×××××××（营业厅电话），随时为您服务。

（4）问：办电过程中，我如何及时了解进度？

答：您好，在办电过程中，您可以拨打我的电话 ×××××××（营业厅电话），随时询问办电进度。如果您是通过电子渠道办理的，您还可以登录“网上国网”手机 App、“95598”网站等查询办电进度。

（5）问：是否可以由开发商统一办理新装业务呢？

答：您好，低压批量新装适用于居民客户住宅小区或居民客户住宅楼、成批的商铺等整体或批量申请的低压部分用电新装。低压批量新装，可由开发商、物业等管理单位统一收集用电客户资料，代为办理。

（6）问：批量新装后如何缴纳电费？

答：您好，目前最新安装的电能表大部分为远程费控智能电电表，交纳电费不受时间、地点限制。您可以使用“国网陕西电力”微信号或微信（支付—生活缴费—电费）、支付宝（充值中心—生活缴费—电费）、“掌上电力”“电 e 宝”等手机客户端足不出户交纳电费。“电 e 宝”还提供电子发票下载打印服务，更加方便快捷。您也可以到供电营业厅、24h 自助交费终端、利安社区电超市、农业银行、邮政营业厅等电费代收网点交纳电费。

（7）问：发现和其他户的电能表存在串户现象怎么办?

答：您好，如果您在用电过程中，发现您的电能表后负荷开关断开后其他户停电，或是其他户的表后负荷开关断开后您家停电，那么可能是您与其他户的表后负荷接线接串了。供电公司在安装电能表过程中会严格执行验线工作标准，并在送电后逐户核对户表关系，避免出现串户现象，但由于房屋维护管理单位后期实施内线改造，或供电公司核对户表关系时用电客户不在，易导致串户现象无法及时被发现，可能给您带来不必要的麻烦。

遇到这种情况不要着急，您可以第一时间联系所属营业厅，工作人员会与您预约时间上门查看现场情况，并帮助您协调解决电费错交问题。

五、依据来源

（1）国网（营销/3）378—2017 国家电网有限公司关于印发《国家电网有限公司营销项目管理办法》等 7 项通用制度的通知（国家电网有限公司业扩报装管理规则）。

（2）陕电营销〔2017〕73 号《国网陕西省电力公司关于进一步压缩业扩报装全流程时间的通知》。

（3）国家电网办〔2018〕150 号《国家电网有限公司关于印发报装接电专项治理行动优化营商环境工作方案的通知》。

（4）陕电办〔2015〕27 号《国网陕西省电力公司关于印发进一步精简业扩手续提高办电效率实施细则的通知》。

第五节 低压居民批量新装

一、服务内容

低压居民批量新装是指低压居民客户批量申请新装用电的业务，如居民客户住宅小区或居民客户住宅楼等整体或批量申请的低压部分用电新装，一般由开发商、物业等管理单位统一收集用电客户资料，代为办理。

二、服务流程

本服务流程与低压居民新装流程步骤一致，为由业务受理开始，经外部工程施工、装表接电 2 个环节，服务结束。具备直接装表条件的，取消“外部工程实施”环节。其服务流程图如图 2–7 所示。

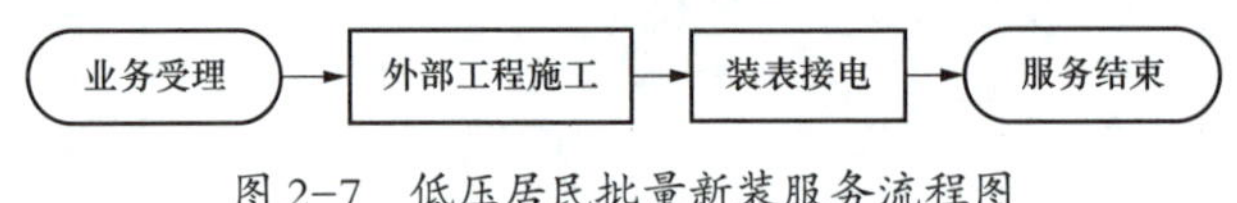

图 2–7 低压居民批量新装服务流程图

1. 业务受理

业务受理员实行“首问负责制”“一证受理”“一次性告知”“一站式服务”。对于有特殊需求的客户群体，提供办电预约上门服务。营业厅按照“谁受理、谁跟踪、谁回访”要求，对所受理的业务进行全程跟踪，在业务办结后进行回访。

业务受理员接到低压批量新装申请时，接收并查验客户申请资料，填写“低压批量用电登记表”（见表 2–6）、“低压批量用电清单”（见表 2–7），由客户签字确认后，在 20min 内在营销系统中发起低压批量新装业务流程，2h 内将流程推至客户经理，客户经理在 1 个工作日内主动联系客户进行申请确认及服务预约。对于申请资料暂不齐全的客户，在收到其用电主体资格证明并签署“居民客户承诺书”后（见图 2–5），正式受理用电申请并启动后续流程，现场勘查时收资。已有客户资料或资质证件尚在有效期内，则无须客户再次提供。

2. 外部工程施工

客户经理根据供电方案、设计文件确认安装条件。具备直接装表条件的，在勘查确定供电方案后，根据客户意向接电时间及施工进度装表接电，无“外部工程实施”环节；不具备直接装表条件的，客户经理在现场勘查时答复客户供电方案，依据供电方案开展工程施工。

供电企业与客户签订供用电合同，明确产权分界点，产权分界点以下部分由客户负责施工，产权分界点以上部分由供电企业负责施工，供电企业施工部分不收取任何费用。客户产权范围内的工程，由其自主选择具备相应资质的设计、施工、供货单位。

3. 装表接电

在签订“供用电合同”及相关协议后，按照与客户约定时间或电网配套工程竣工后集中装表接电。接电后，由供电企业核对户表供电关系是否正确。业务办结后，业务受理员在 3 个工作日内回访客户。

三、申请资料

申请资料见表 2–9。

表 2–9　申请资料

序号	居民客户资料名称	备注
1	用电主体资格证明材料，即与房屋产权人一致的用电人身份证明［如居民身份证、临时身份证、户口簿、军官证或士兵证、台胞证、港澳通行证、外国护照、外国永久居留证（绿卡），或其他有效身份证明文书等］原件及复印件	申请时必备

续表

序号	居民客户资料名称	备注
2	客户承诺书（如果客户申请时提供了与用电人身份一致的有效产权证明原件及复印件的，可不要求签署该承诺书）	如果暂不能提供与用电人身份一致的有效产权证明原件及复印件的，签署承诺书后可在后续环节补充
3	产权证明（复印件）或其他证明文书	

注 低压批量新装还需提供以下资料：①政府发展改革委员会部门立项或批复文件原件及复印件；②地市政府部门的“一书两证”原件及复印件，即建设用地规划选址意见书原件及复印件、建设用地规划许可证原件及复印件、建设工程许可证原件及复印件；③地市国土局下发的建设用地规划许可证原件及复印件；④总平面图原件及复印件，建筑总平面图、用电负荷特性说明、用电设备明细表、近期及远期用电容量。

四、话术指南

（1）问：除了营业厅受理方式外，还有哪些方式可以办理这个业务？

答：您好，十分抱歉，目前低压批量新装暂不支持“电子渠道”，请您就近前往营业厅受理，实行“一证受理”，直接确认资料的有效性和完整性。

（2）问：低压居民批量新装过程中，如果有问题，我应该联系谁？

答：您好，在业务受理之后，1 个工作日内客户经理会主动电话联系您，并全程为您解答和处理问题。也欢迎您随时联系我，我的电话是×××××××（营业厅电话），随时为您服务。

（3）问：办电过程中，我如何及时了解进度？

答：您好，在办电过程中，您可以拨打我的电话×××××××（营业厅电话），随时询问办电进度。如果您是通过电子渠道办理的，您还可以登录“掌上电力”手机 App、“95598”网站等查询办电进度。

（4）问：是否可以由开发商统一办理新装业务呢？

答：您好，低压批量新装适用于居民客户住宅小区或居民客户住宅楼、成批的商铺等整体或批量申请的低压部分用电新装。低压批量新装，可由开发商、物业等管理单位统一收集用电客户资料，代为办理。

（5）问：批量新装后如何缴纳电费？

答：您好，目前最新安装的电能表大部分为远程费控智能电能表，交纳电费不受时间、地点限制。您可以使用“国网陕西电力”微信号或微信（支付—生活缴费—电费）、支付宝（充值中心—生活缴费—电费）、“网上国网”手机 App“电 e 宝”手机 App 等手机客户端足不出户交纳电费。“电 e 宝”还提供电子发票下载打印服务，更加方便快捷。您也可以到供电营业厅、24h 自助交费终端、利安社区电超市、农业银行、邮政营业厅等电费代收网点交纳电费。

（6）问：发现和其他户的电能表存在串户现象怎么办？

答：您好，如果您在用电过程中，发现您的电能表后负荷开关断开后其他户停电，或是其他户的表后负荷开关断开后您家停电，那么可能是您与其他户的表后负荷接线接串了。供电公司在安装电能表过程中会严格执行验线工作标准，并在送电后逐户核对户表关系，避免出现串户现象，但由于房屋维护管理单位后期实施内线改造，或供电公司核对户表关系时用电客户不在，易导致串户现象无法及时被发现，可能给您带来不必要的麻烦。

遇到这种情况不要着急，您可以第一时间联系所属营业厅，工作人员会与您预约时间上门查看现场情况，并帮助您协调解决电费错交问题。

（7）问：新装后，发现电费单与实际用电人信息不一致如何处理？

答：您好，低压批量新装一般由开发商、物业等管理单位代为收集资料，并统一提供给供电单位，可能存在信息错误的情况。请您不用着急，请您携带相关资料就近到供电营业厅办理客户档案信息更正：

1）房产证（契证、购房合同或购房大发票均可）复印件或其他证明文书。

2）房主本人身份证（与房产证名字一致）原件及复印件（无法提供

身份证时，可提供军官证、护照等有效身份证件）。

3）经办人有效身份证明（委托代理人办理时必备）。

4）购电收据（如无法提供电费收据，可提供客户编号或表号）。

备注：更名流程在不欠费的情况下才能启动。办理时间：周一至周五8：30~17：30。您可拨打营业厅咨询电话进行相关事宜咨询。

五、依据来源

（1）国网（营销/3）378—2017 国家电网有限公司关于印发《国家电网有限公司营销项目管理办法》等7项通用制度的通知（国家电网有限公司业扩报装管理规则）。

（2）陕电营销〔2017〕73号《国网陕西省电力公司关于进一步压缩业扩报装全流程时间的通知》。

（3）国家电网办〔2018〕150号《国家电网有限公司关于印发报装接电专项治理行动优化营商环境工作方案的通知》。

（4）陕电办〔2015〕27号《国网陕西省电力公司关于印发进一步精简业扩手续提高办电效率实施细则的通知》。

第六节　临时用电新装

一、服务内容

临时用电新装适用于基建工地、农田水利、市政建设等非永久性用电的临时电源新装，包括装表临时用电和不装表临时用电。

二、服务流程

按照客户类型，分别参考高压新装、低压非居民新装、低压居民新装的服务流程。

三、申请资料

按照客户类型，分别参考高压新装、低压非居民新装、低压居民新装的申请资料。

四、话术指南

（1）问：临时用电是否需缴纳费用？

答：您好，按照发改办价格〔2017〕1895 号文《国家发展和改革委办公厅关于取消临时接电费和明确自备电厂有关收费政策的通知》规定：自 2017 年 12 月 1 日起，临时用电的电力用户不再交纳临时接电费；已向电力用户收取的临时接电费，按照合同约定，在临时用电结束后进行清退。

（2）问：临时用电是否有期限规定？

答：您好，根据《供电营业规则》第十二条规定：临时用电期限除供电企业准许外，一般不得超过六个月，逾期不办理延期或永久性正式用电手续的，供电企业应终止供电。

（3）问：临时用电还有哪些需要注意的？

答：您好，根据《供电营业规则》第十二条规定：使用临时电源的用户不得向外转供电，也不得转让给其他用户，供电企业也不受理其变更用电事宜。如需改为正式用电，应按新装用电办理。

（4）问：临时用电如何计量？

答：您好，根据《供电营业规则》第七十六条规定：临时用电的用户，应安装用电计量装置。对不具备安装条件的，可按其用电容量、使用时间、规定的电价计收电费。

五、依据来源

（1）国网（营销/3）378—2017 国家电网有限公司关于印发《国家电网有限公司营销项目管理办法》等 7 项通用制度的通知（国家电网有限公司业扩报装管理规则）。

（2）陕电营销〔2017〕73 号《国网陕西省电力公司关于进一步压缩业扩报装全流程时间的通知》。

（3）国家电网办〔2018〕150 号《国家电网有限公司关于印发报装接电专项治理行动优化营商环境工作方案的通知》。

（4）中华人民共和国电力工业部令第 8 号《供电营业规则》。

（5）陕电办〔2015〕27 号《国网陕西省电力公司关于印发进一步精简业扩手续提高办电效率实施细则的通知》。

第三章　变更用电

第一节　销户

一、服务内容

供电企业根据客户提出的变更用电需求，受理客户因房屋拆迁、居民搬迁等类原因需要终止用电，需办理与供电企业终止供用电关系的销户业务。

二、服务流程

本服务流程由业务受理开始，经现场勘查、拆表、电费结算、归档 4 个环节，服务结束，如图 3–1 所示。

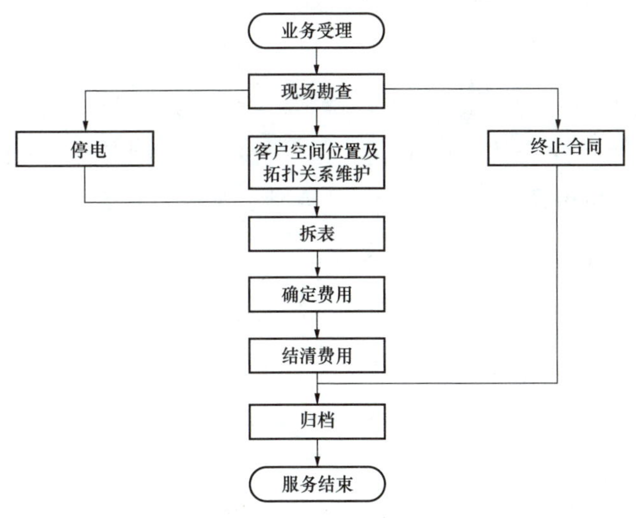

图 3–1　销户服务流程图

1. 低压销户业务受理

业务受理员实行“首问负责制”“一证受理”“一次性告知”“一站式服务”。业务受理员对所受理的业务进行全程跟踪，并及时反馈用户各环节进度。

（1）受理临柜用户用电申请时，主动询问用户申请意图，向用户提供业务办理告知书，告知用户需提交的资料清单、业务办理流程、收费项目及标准、监督电话等信息。接收并查验客户申请资料，20min 内在营销系统中发起销户业务流程，2h 内将流程推至客户经理。申请资料不齐全的用户，业务受理员应通过缺件通知书形式告知用户需提供的缺件内容。已有用户资料或资质证件尚在有效期内，则无须用户再次提供。业务受理员在 1 个工作日内将申请资料及流程发送至客户经理。

（2）收到用户“网上国网”手机 App、“95598”网站等电子渠道办电申请，业务受理员 1 个工作日内完成资料审核，并主动联系用户进行申请确认及服务预约，完成业务受理后当日将流程推送至客户经理。对于申请资料暂不齐全的用户，按照“一证受理”要求办理，由业务受理员告知用户在现场勘查时收齐资料。

（3）实行同一地区可跨营业厅受理办电申请。各级供电营业厅，均应受理各电压等级用户用电申请。同城异地营业厅应在 1 个工作日内将收集的用户报装资料传递至属地营业厅，实现“内转外不转”。

（4）受理时应特别注意以下事项：

1）询问用户申请意图，向用户提供用电业务办理告知书。

2）接收并审核用户申请资料，已有用户资料或资质证件尚在有效期内，则无须用户再次提供；对资料不齐全的，应通过缺件通知书形式告知用户具体缺件内容。

3）核查用户为同一自然人或同一法定代表人主体的其他用电地址的电费交费情况，如有欠费则给予提示。

4）如用户为临时用电销户，按照合同约定确定是否退回临时接电费，如确认需退还临时接电费的，告知用户销户后办理临时接电费退费手续。

2. 现场勘查

客户经理按照与用户约定的时间，完成现场勘查工作，并填写现场勘查单或录入移动作业终端，由用户签字（或者电子签名方式）确认。

现场勘查时，应核实计量装置是否运行正常，若发现电能表等计量装置损坏或丢失，应通知用户到营业窗口办理赔偿手续。赔偿手续办理完毕后，方可继续销户流程。

现场发现窃电或违约用电的，应保护现场并立即联系用电检查人员到场核实确认，暂缓办理销户业务，待窃电或违约用电行为处理完毕后方可继续办理。

现场勘查后需停分界设备后方能拆除计量装置，客户经理应通过系统协同流程或工作联系单等方式，通知协同部门人员办理分界点设备停电工作。

3. 拆表

经现场勘查具备直接拆除计量装置销户的，现场工作人员应当场完成计量装置拆除工作；对于需停分界设备方能拆除计量装置的，应在分界设备停电操作后，通知相应人员现场拆除计量装置。

现场拆除计量装置后，应准确记录表计底度、拆表时间等信息，并由用户在纸质电能计量装接单或者移动作业终端上签字（电子签名方式）确认表计底度。

对由于采集系统特殊导致抄表计划不成功的用户，工作人员需在 1 个工作日内完成现场抄表，并由用户现场签字确认。

4. 电费结算

系统计算拆表后电费，用户结清电费后完成销户流程。

检查用户是否存在预收电费余额，若有预收电费余额，通知用户办理退费手续。

5. 归档

电费结算后，将流程发送至“归档”环节，客户经理 1 个工作日内对系统信息和纸质资料进行归档。

6. 高压销户业务受理

业务受理员实行“首问负责制”“一证受理”“一次性告知”“一站式服务”。业务受理员对所受理的业务进行全程跟踪，并及时反馈用户各环节进度。

（1）受理临柜用户用电申请时，主动询问用户申请意图，向用户提供业务办理告知书，告知用户需提交的资料清单、业务办理流程、收费项目及标准、监督电话等信息。接收并查验用户申请资料，20min 内在营销系统中发起销户业务流程，2h 内将流程推至客户经理。申请资料不齐全的用户，业务受理员应通过缺件通知书形式告知用户需提供的缺件内容。已有用户资料或资质证件尚在有效期内，则无须用户再次提供。业务受理员在 1 个工作日内将申请资料及流程发送至客户经理。

（2）收到用户“网上国网”手机 App、“95598”网站等电子渠道办电申请，业务受理员 1 个工作日内完成资料审核，并主动联系用户进行申请确认及服务预约，完成业务受理后当日将流程推送至客户经理。对于申请资料暂不齐全的用户，按照“一证受理”要求办理，由业务受理员告知用户在现场勘查时收资。

（3）实行同一地区可跨营业厅受理办电申请。各级供电营业厅，均应受理各电压等级用户用电申请。同城异地营业厅应在 1 个工作日内将收集的用户报装资料传递至属地营业厅，实现“内转外不转”。

（4）受理时应特别注意以下事项：

1）核查用户为同一自然人或同一法定代表人主体的其他用电地址的电费交费情况，如有欠费则给予提示。

2）如用户为临时用电销户，按照合同约定确定是否退回临时接电费，如果确实需退还临时接电费的，告知用户销户后办理临时接电费退费手续。

7. 现场勘查

客户经理按照与用户约定的时间，完成现场勘查工作，并填写现场勘查单或录入移动作业终端，由用户签字（或者电子签名方式）确认。现场勘查记录应完整、翔实、准确，核对用户名称、用电地址、容量、用电性质信息与勘查单上的资料是否一致。

现场勘查时，应核实计量装置是否运行正常，若发现电能表等计量装置损坏或丢失，应通知用户到营业窗口办理赔偿手续。赔偿手续办理完毕，方可继续销户流程。

现场发现窃电或违约用电的，应保护现场并立即联系用电检查人员到场核实确认，暂缓办理销户业务，待窃电或违约用电行为处理完毕后继续办理。

现场勘查具备销户条件的，用电检查人员应对用户进线开关作封停处理，并通过系统协同或工作联系单等方式，通知协同部门人员办理分界点设备停电工作。

8. 拆表

确认现场分界设备已停电后，通知计量人员现场拆除计量装置及采集终端设备。

现场拆除计量装置后，应准确记录表计底度、拆表时间等信息，并由用户在纸质电能计量装接单或者移动作业终端上签字（电子签名方式）确认表计底度。

9. 电费结算

系统计算拆表后电费，用户结清电费后完成销户流程。检查用户是否存在预收电费余额，若有预收电费余额，通知用户办理退费手续。

10. 归档

电费结算后，将流程发送至“归档”环节，客户经理 1 个工作日内对系统信息和纸质资料进行归档。

三、所需资料

低压、高压客户销户所需资料见表 3-1。

表 3-1 低压、高压客户销户所需资料

序号	低压、高压客户销户资料名称	备注
1	变更用电申请单	
2	户主有效身份证明	居民用户必备
3	法定代表人身份证原件、营业执照原件	非居民和高压用户必备
4	如系统内户名为单位名称的还需在申请单上加盖与系统户名一致的单位公章	非居民和高压用户必备
5	授权委托书、经办人有效身份证明	委托代理人办理时必备
6	拆迁许可证或政府相关拆迁证明	批量销户必备
7	拆迁清单（含每户户号、表号、户名、地址）	批量销户必备
8	客户电费清单复印件	

四、话术指南

（1）问：在哪里可以办理这个业务？

答：您好，目前采用营业厅受理和电子渠道受理（简称线下和线上）两种方式，您可通过营业厅和电子渠道两种方式，其中电子渠道目前主要有“网上国网”手机 App、“95598”网站等，实行“一证受理”，直接确认资料的有效性和完整性。

（2）问：办理销户业务需要提供哪些资料？

答：您好，办理销户业务需要提供以下资料：

1）户主有效身份证明（居民用户提供）。

2）法定代表人身份证原件（非居民和高压用户必备）。

3）营业执照原件（非居民和高压用户必备）。

4）授权委托书（委托代理人办理时必备）。

5）经办人有效身份证明（委托代理人办理时必备）。

6）拆迁许可证或政府相关拆迁证明（批量销户必备）。

7）拆迁清单（含每户户号、表号、户名、地址，批量销户必备）。

（3）问：办理销户业务怎么收费呢？

答：您好，办理此项业务不收取任何费用。

（4）问：办理销户业务都有哪些规定？

答：您好，根据《供电营业规则》规定：

第三十二条　用户销户，须向供电企业提出申请。供电企业应按下列规定办理：

1）销户必须停止全部用电容量的使用。

2）用户已向供电企业结清电费。

3）查验用电计量装置完好性后，拆除接户线和用电计量装置。

办完上述事宜，即解决供用电关系。

第三十三条　用户连续六个月不用电，也不申请办理暂停用电手续者，供电企业须以销户终止其用电。用户需要再用电时，按新装用电办理。

（5）问：需要签订合同之类的材料吗？

答：您好，不需要。

五、依据来源

（1）中华人民共和国电力工业部令第 8 号《供电营业规则》。

（2）国网营销营业〔2017〕40 号《国家电网有限公司变更用电及低压居民新装（增容）业务工作规范（试行）》。

第二节　更名、过户

一、服务内容

供电企业根据用户提出的变更用电需求，受理用户因房屋买卖、继承或其他原因需要变更高、低压供电关系中用户名称的更名或过户业务。

二、服务流程

（一）低压用户 / 低压非居民用户更名流程及环节

本服务流程由业务受理开始，经归档 1 个环节，服务结束，如图 3–2 所示。

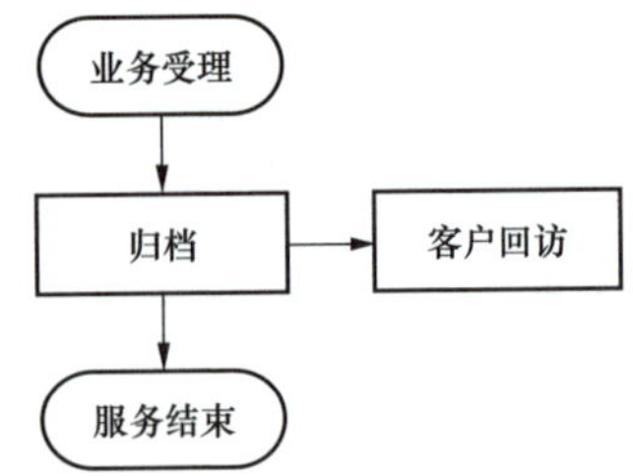

图 3–2　低压用户 / 低压非居民用户更名流程图

1. 业务受理

业务受理员实行“首问负责制”“一证受理”“一次性告知”“一站式服务”。业务受理员对所受理的业务进行全程跟踪，并及时反馈用户各环节进度。

（1）受理临柜用户用电申请时，主动询问用户申请意图，向用户提供业务办理告知书，告知用户需提交的资料清单、业务办理流程、收费项目及标准、监督电话等信息。接收并查验用户申请资料，

20min 内在营销系统中发起更名、过户业务流程，2h 内将流程推至客户经理。申请资料不齐全的用户，业务受理员应通过缺件通知书形式告知用户需提供的缺件内容。已有用户资料或资质证件尚在有效期内，则无须用户再次提供。业务受理员在 1 个工作日内将申请资料及流程发送至客户经理。

（2）收到用户“网上国网”手机 App、“95598”网站等电子渠道办电申请，业务受理员 1 个工作日内完成资料审核，并主动联系用户进行申请确认及服务预约（居民户的更名、过户在营业厅就可办结），完成业务受理后当日将流程推送至客户经理。对于申请资料暂不齐全的用户，按照“一证受理”要求办理，由业务受理员告知用户在现场勘查时收资。

（3）实行同一地区可跨营业厅受理办电申请。各级供电营业厅，均应受理各电压等级用户用电申请。同城异地营业厅应在 1 个工作日内将收集的用户报装资料传递至属地营业厅，实现“内转外不转”。

（4）受理时应特别注意以下事项：

1）在用电地址、用电容量、用电类别不变条件下，可办理更名。

2）更名一般只针对同一法定代表人及自然人的名称的变更。

2. 归档

完成更名后，将流程发送至“归档”环节，客户经理在 3 个工作日内完成归档。

（二）低压居民过户流程及环节

本服务流程由业务受理开始，经现场勘查、现场抄表、合同签订、结算电费、归档 5 个环节，服务结束，如图 3-3 所示。

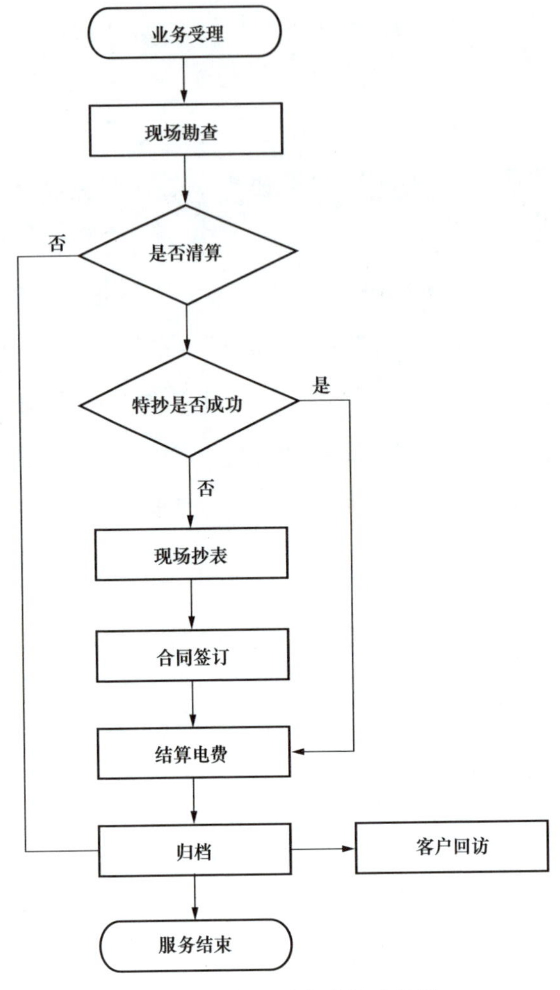

图 3-3 低压居民过户流程图

1. 业务受理

业务受理员实行“首问负责制”“一证受理”“一次性告知”“一站式服务”。业务受理员对所受理的业务进行全程跟踪，并及时反馈用户各环节进度。

（1）受理临柜用户用电申请时，主动询问用户申请意图，向用户提供业务办理告知书，告知用户需提交的资料清单、业务办理流程、收费项目及标准、监督电话等信息。接收并查验用户申请资料，20min 内在营销系统中发起更名、过户业务流程，2h 内将流程推至客户经理。申请资料不齐全的用户，业务受理员应通过缺件通知书形式告知用户需提供的缺件内容。已有用户资料或资质证件尚在有效期内，则无须用户再次提供。业务受理员在 1 个工作日内将申请资料及流程发送至客户经理。

（2）收到用户“网上国网”手机 App、“95598”网站等电子渠道办电申请，业务受理员 1 个工作日内完成资料审核，并主动联系用户进行申请确认及服务预约，完成业务受理后当日将流程推送至客户经理。对于申请资料暂不齐全的用户，按照“一证受理”要求办理，由业务受理员告知用户在现场勘查时收资。

（3）实行同一地区可跨营业厅受理办电申请。各级供电营业厅，均应受理各电压等级用户用电申请。同城异地营业厅应在 1 个工作日内将收集的用户报装资料传递至属地营业厅，实现“内转外不转”。

（4）受理时应特别注意以下事项：

1）在用电地址、用电容量、用电类别不变条件下，可办理过户。

2）原用户应与供电企业结清债务。

3）居民用户如为预付费控用户，应与用户协商处理预付费余额。

4）涉及电价优惠的用户，过户后需重新认定。

5）原用户为增值税用户的，过户时必须办理增值税信息变更业务。

6）用户为同一自然人或同一法定代表人主体的其他用电地址的电费交费情况正常，如有欠费则应给予提示。

不需要电费清算的低压居民用户，将流程发送至归档环节。需要电费清算的低压居民用户，在业务受理环节进行特抄，特抄成功的，将流程发送至结清电费环节；特抄失败的，将流程发送至现场抄表环节。低压非居民和高压用户将流程发送至现场勘查（特抄）环节。

2. 现场勘查

对于特抄失败的低压居民用户，以及低压非居民、高压用户，由业务受理员与用户预约现场勘查（特抄）时间，告知需其配合工作以及相关注意事项，并将流程发至客户经理，提醒客户经理及时处理。

3. 现场抄表

具备条件的，可由用户自主选择预约服务时间。除用户特殊要求外，现场抄表时间不得超过 3 个工作日。

4. 合同签订

对于低压居民用户，可采取背书方式签订供用电合同。具备条件的，可通过“网上国网”手机 App、移动作业终端告知确认、电子签名等方式签订电子合同。

5. 结算电费

客户经理 2 个工作日内根据现场确认的底数，进行电费结算，核实原用户与供电企业是否结清电费，对未结清电费的用户，主动告知用户结清电费。

6. 归档

业务办理完成后客户经理 1 个工作日内对系统信息和纸质资料进行归档。

（三）低压非居民 / 高压过户流程及环节

本服务流程由业务受理开始，经现场勘查、合同审核、合同签订、电费结算、归档 5 个环节，服务结束，如图 3-4 所示。

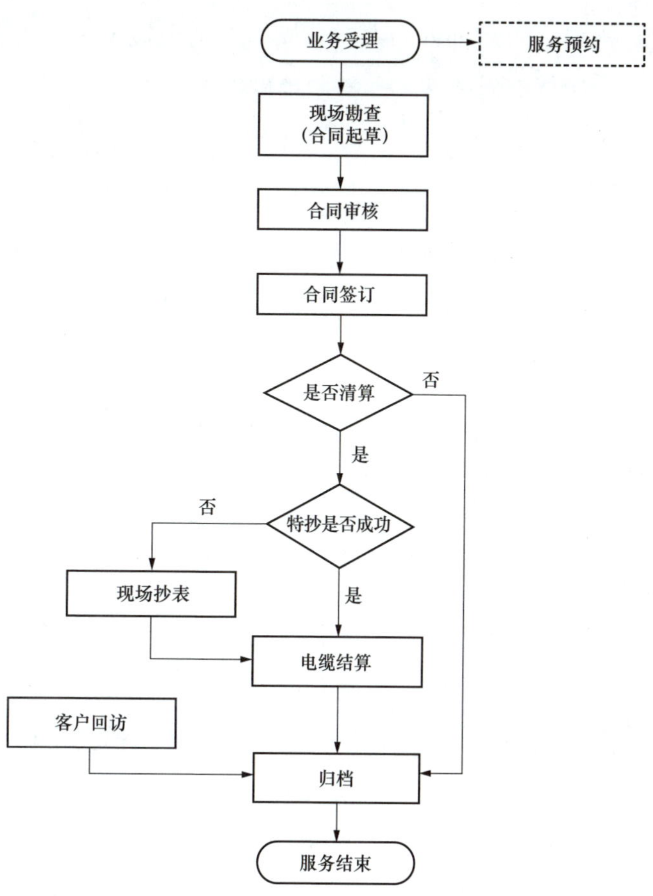

图 3-4 低压非居民/高压过户流程图

1. 业务受理

业务受理员实行“首问负责制”“一证受理”“一次性告知”“一站式服务”。业务受理员对所受理的业务进行全程跟踪，并及时反馈用户各环节进度。

（1）受理临柜用户用电申请时，主动询问用户申请意图，向用户提供业务办理告知书，告知用户需提交的资料清单、业务办理流程、收费项目及标准、监督电话等信息。接收并查验用户申请资料，20min 内在营销系统中发起更名、过户业务流程，2h 内将流程推至客户经理。申请资料不齐全的用户，业务受理员应通过缺件通知书形式告知用户需提供的缺件内容。已有用户资料或资质证件尚在有效期内，则无须用户再次提供。业务受理员在 1 个工作日内将申请资料及流程发送至客户经理。

（2）收到用户“网上国网”手机 App、“95598”网站等电子渠道办电申请，业务受理员 1 个工作日内完成资料审核，并主动联系用户进行申请确认及服务预约，完成业务受理后当日将流程推送至客户经理。对于申请资料暂不齐全的用户，按照“一证受理”要求办理，由业务受理员告知用户在现场勘查时收资。

（3）实行同一地区可跨营业厅受理办电申请。各级供电营业厅，均应受理各电压等级用户用电申请。同城异地营业厅应在 1 个工作日内将收集的用户报装资料传递至属地营业厅，实现“内转外不转”。

（4）受理时应特别注意以下事项：

1）在用电地址、用电容量、用电类别不变条件下，可办理过户。

2）原用户应与供电企业结清债务。

3）居民用户如为预付费控用户，应与用户协商处理预付费余额。

4）涉及电价优惠的用户，过户后需重新认定。

5）原用户为增值税用户的，过户时必须办理增值税信息变更业务。

6）用户同一自然人或同一法定代表人主体的其他用电地址的电费交费情况正常，如有欠费则应给予提示。

不需要电费清算的低压居民用户，将流程发送至归档环节。需要电费清算的低压居民用户，在业务受理环节进行特抄，特抄成功的，将流程发送至结清电费环节；特抄失败的，将流程发送至现场抄表环节。低压非居民和高压用户将流程发送至现场勘查（特抄）环节。

2. 现场勘查

对于特抄失败的低压居民用户，以及低压非居民、高压用户，由业务受理员与用户预约现场勘查（特抄）时间，告知需其配合工作以及相关注意事项，并将流程发至客户经理，提醒客户经理及时处理。具备条件的，可由用户自主选择预约服务时间。除用户特殊要求外，现场抄表时间不得超过 3 个工作日。

3. 合同审核

根据现场勘查的信息，与用户基本资料核对，完成合同初稿审核。

4. 合同签订

对于低压非居民用户、高压用户，按照《国家电网有限公司供用电合同管理细则》的要求重新签订供用电合同。

5. 电费结算

低压居民用户由系统自动进行电费核算并即时出账。低压非居民、高压用户仍按照原有电费核算流程完成核算出账。客户经理 2 个工作日内根据现场确认的底数，进行电费结算，核实原用户与供电企业是否结清电费，对未结清电费的用户，主动告知用户结清电费。

6. 归档

完成电费结算后，将流程发送至“归档”环节。时限要求：正式受理后，居民过户在 5 个工作日内归档；非居民用户过户受理后 5 个工作日内完成合同起草；非居民用户签订合同后，5 个工作日内电费出账，结清后归档。业务办理完成后，客户经理 1 个工作日内对系统信息和纸质资料进行归档。

三、所需资料

1. 居民用户更名、过户需提供的申请资料

居民客户在办理更名、过户时需要提供表 3–2 所示的申请资料。

表 3–2　　居民用户更名、过户需提供的申请资料

序号	居民用户更名、过户资料名称	备注
1	变更用电申请单	

续表

序号	居民用户更名、过户资料名称	备注
2	房屋产权证原件及复印件	无法提供房屋产权证时，可提供建房许可证、房管公房租赁证、房屋居住权证明、土地证或商品房买卖契约等
3	产权人身份证原件和复印件及经办人身份证原件和复印件	如无法提供身份证明时，可提供军官证、护照等有效证件
4	客户电费票据或者电费结算单	

注 如产权人已过世，家属要求把购电卡上的户名做变更：

（1）如用户已先至房产部门将房屋产权变更，办理时提供上述正常办理材料。

（2）如房屋产权尚未变更：①需提供房屋产权证明原件及复印件（无法提供房屋产权证时，可提供建房许可证、房管公房租赁证、房屋居住权证明、土地证或商品房买卖契约等）；②产权人死亡证明原件及复印件；③申请人与死亡人的关系证明原件及复印件（例如户口簿或派出所出具的关系证明）；④申请人身份证原件及复印件（无法提供身份证明时，可提供军官证、护照等有效证件）；⑤原则上按法律继承关系办理，夫妻、子女、亲属，如子女较多，原则上暂不办理变更，待产权明晰后再办理或所有子女均签字同意更名为某人，承诺“有纠纷自行解决”，该承诺书进行公证后，方可办理。

2. 非居民用户更名需提供的申请资料

非居民用户在办理更名时需要提供表 3–3 所示的申请资料。

表 3–3　　非居民用户更名需提供的申请资料

序号	非居民用户更名资料名称	备注
1	变更用电申请单	
2	房屋产权证原件及复印件	无法提供房屋产权证时，可提供建房许可证、房管公房租赁证、房屋居住权证明、土地证或商品房买卖契约等
3	营业执照原件及复印件、组织机构代码证原件及复印件、税务登记证原件及复印件	
4	客户电费票据或者电费结算单	

续表

序号	非居民用户更名资料名称	备注
5	法定代表人代表（负责人）身份证明原件及复印件	如无法提供身份证时，可提供军官证、护照等有效证件
6	工商部门出具的变更单位名称核准证明原件及复印件、政府相关部门批文或上级主管部门文件原件及复印件	
7	租赁户一般不得更名	

注 如单位要求更名为自然人：

（1）请提供房屋产权证原件及复印件（无法提供房屋产权证时，可提供建房许可证、房管公房租赁证、房屋居住权证明、土地证或商品房买卖契约等）。

（2）产权人身份证明原件及复印件（无法提供身份证明时，可提供军官证、护照等有效证件）。

（3）如非产权人办理还需提供经办人身份证原件及复印件（无法提供身份证明时，可提供军官证、护照等有效证件）。

（4）电费交费卡（电费发票或电能表表号）。

3. 非居民用户过户需提供的申请资料

非居民用户在办理过户时需要提供表 3–4 所示的申请资料。

表 3–4　　非居民用户过户需提供的申请资料

序号	非居民用户过户资料名称	备注
1	变更用电申请单	
2	房屋产权证原件及复印件	无法提供房屋产权证时，可提供建房许可证、房管公房租赁证、房屋居住权证明、土地证或商品房买卖契约等
3	营业执照原件及复印件、组织机构代码证原件及复印件、税务登记证原件及复印件	如无法提供身份证明时，可提供军官证、护照等有效证件

续表

序号	非居民用户过户资料名称	备注
4	法定代表人（负责人）身份证明原件及复印件	如无法提供身份证时，可提供军官证、护照等有效证件
5	客户电费票据或者电费结算单	

四、话术指南

（1）问：在哪里可以办理这个业务？

答：您好，目前采用营业厅受理和电子渠道受理（简称线下和线上）两种方式，您可通过营业厅和电子渠道两种方式，其中电子渠道目前主要有“网上国网”手机App、“95598”网站等，实行“一证受理”，直接确认资料的有效性和完整性。

（2）问：办理更名或过户业务需要提供哪些资料？

答：您好，

1）居民、非居民更名用户需要提供以下资料：

a. 填写《变更用电申请单》。

b. 用电户主体证明：身份证明原件及复印件（上传照片），无法提供身份证时，可提供军官证、护照等有效身份证件；非居民提供新户营业执照（副本）原件及复印件；新户组织机构代码证（副本）原件及复印件。

c. 用电户名称变更证明资料（如：工商变更登记或户籍证明）。

d. 产权证明（复印件）或其他证明文书。

e. 法定代表人授权委托书。

f. 经办人有效身份证明。

g. 客户电费票据或者电费结算单。

h. 如产权人已过世，家属要求把购电卡上的户名做变更：

（a）如用户已先至房产部门将房屋产权变更，办理时提供上述正常办理材料。

（b）如房屋产权尚未变更：①需提供房屋产权证明原件及复印件（无法提供房屋产权证时，可提供建房许可证、房管公房租赁证、房屋居住权证明、土地证或商品房买卖契约等）；②产权人死亡证明原件及复印件；③申请人与死亡人的关系证明原件及复印件（如户口本或派出所出具的关系证明）；④申请人身份证原件及复印件（无法提供身份证明时，可提供军官证、护照等有效证件）；⑤原则上按法律继承关系办理，即夫妻、子女、亲属，如子女较多，原则上暂不办理变更，待产权明晰后再办理或所有子女均签字同意更名为某人，承诺“有纠纷自行解决”，该承诺书进行公证后，方可办理。

2）居民、非居民用户过户需提供以下资料：

a. 填写“变更用电申请单”。

b. 房屋产权所有人有效身份证明。

c. 产权证明（复印件）或其他证明文书。

d. 用电户主体证明，包括法定代表人有效身份证明（经办人办理时无须提供）、经加盖单位公章的营业执照（或组织机构代码证，宗教活动场所登记证，社会团体法定代表人登记证书，军队、武警出具的办理用电业务的证明）。

e. 非居民原户主提供用电户主体证明或在申请表单上盖章证明。

f. 法定代表人授权委托书。

g. 经办人有效身份证明。

h. 客户电费票据或者电费结算单。

（3）问：办理更名业务需要几天时间？

答：您好，更名业务办理需5个工作日。

（4）问：办理过户业务需要几天时间？

答：您好，申请过户业务正式受理后，居民用户过户在5个工作日内归档；非居民用户过户受理后5个工作日内完成合同起草，非居民用户签订合同后，5个工作日内电费出账，结清后归档。

（5）问：怎么收费呢？

答：您好，办理此项业务不收取任何费用。

（6）问：办理更名或过户业务都有哪些规定？

答：您好，根据《供电营业规则》规定：①在用电地址、用电容量、用电类别不变的情况下，允许办理更名或过户；②原用户应与供电企业结清债务，才能解除原供用电关系；③不申请办理过户手续而私自过户者，新用户应承担原用户所负债务。经供电企业检查发现用户私自过户时，供电企业应通知该户补办手续，必要时可终止供电。

（7）问：需要签订合同之类的材料吗？

答：您好，需要签订：

1）居民客户："更名过户申请表"和"居民客户供用电合同"。

2）非居民客户："更名过户申请表"、需加盖单位公章的"低压供用电合同"或"高压供用电合同"。

五、依据来源

（1）中华人民共和国电力工业部令第8号《供电营业规则》。

（2）国网营销营业（2017）40号《国家电网有限公司变更用电及低压居民新装（增容）业务工作规范（试行）》。

第三节 减容

一、服务内容

供电企业根据客户提出的变更用电需求，受理客户因业务调整，需要减少变压器运行容量的减容用电业务。

二、服务流程

本服务流程由业务受理开始，经现场勘查、答复供电方案、竣工验收、归档4个环节，服务结束，如图3–5所示。

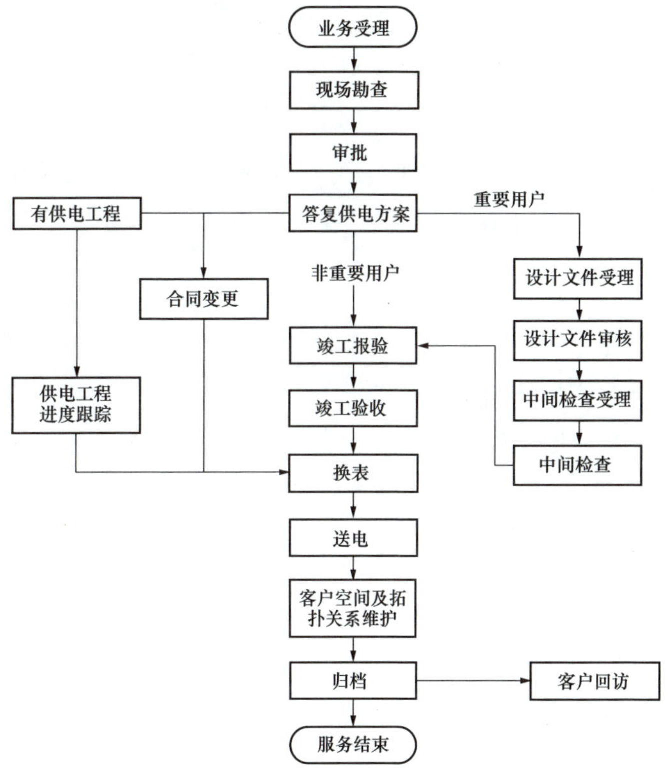

图3–5 减容服务流程图

1. 申请受理

业务受理员实行“首问负责制”“一证受理”“一次性告知”“一站式服务”。业务受理员对所受理的业务进行全程跟踪，并及时反馈用户各环节进度。

（1）受理临柜用户用电申请时，主动询问用户申请意图，向用户提供业务办理告知书，告知用户需提交的资料清单、业务办理流程、收费项目及标准、监督电话等信息。接收并查验用户申请资料，20min 内在营销系统中发起减容业务流程，2h 内将流程推至客户经理。申请资料不齐全的用户，业务受理员应通过缺件通知书形式告知用户需提供的缺件内容。已有用户资料或资质证件尚在有效期内，则无须用户再次提供。业务受理员在 1 个工作日内将申请资料及流程发送至客户经理。

（2）收到用户“网上国网”手机 App、“95598”网站等电子渠道办电申请，业务受理员 1 个工作日内完成资料审核，并主动联系用户进行申请确认及服务预约，完成业务受理后当日将流程推送至客户经理。对于申请资料暂不齐全的用户，按照“一证受理”要求办理，由业务受理员告知用户在现场勘查时收资。

（3）实行同一地区可跨营业厅受理办电申请。各级供电营业厅，均应受理各电压等级用户用电申请。同城异地营业厅应在 1 个工作日内将收集的用户报装资料传递至属地营业厅，实现“内转外不转”。

2. 现场勘查

客户经理按照预约时间联系用户进行现场勘查，核实用户用电地址、用电容量、用电类别。

3. 答复供电方案

现场勘查完成后，3 个工作日完成减容方案，并答复用户。如需更换变压器，则按照新装流程逐步开展设计、施工工作；如无须更换变压器，则要求用户断开高压连接后（如拆除引线、丝具等设备），报请竣工验收。

4. 竣工验收

客户经理在收到用户申请竣工验收申请后，5 个工作日内完成竣工验收，并将意见回复用户。

5. 归档

业务办理完成后，客户经理 1 个工作日内对系统信息和纸质资料进行归档。

三、所需资料

1. 居民客户减容需要提供的申请资料

居民客户减容需要提供表 3–5 所示的申请资料。

表 3–5 居民客户减容需要提供的申请资料

序号	居民客户减容资料名称	备注
1	变更用电申请单	加盖单位公章
2	提供经办人身份证原件和复印件	如无法提供身份证时，可提供军官证、护照等有效证件
3	客户编号	

2. 高压用户减容需要提供的申请资料

高压用户减容需要提供表 3–6 所示的申请资料。

表 3–6 高压用户减容需要提供的申请资料

序号	高压用户减容资料名称	备注
1	变更用电申请单	加盖单位公章
2	提供经办人身份证原件和复印件	如无法提供身份证时，可提供军官证、护照等有效证件

续表

序号	高压用户减容资料名称	备注
3	组织机构代码证、营业执照、一般纳税人资格证明复印件	
4	用户编号	

3. 减容恢复需要提供的申请资料

减容恢复需要提供表 3–7 所示的申请资料。

表 3–7　　减容恢复需要提供的申请资料

序号	减容恢复资料名称	备注
一	提前恢复	
1	变更用电申请单	加盖单位公章
2	提供经办人身份证原件和复印件	如无法提供身份证时，可提供军官证、护照等有效证件
3	用户编号	
二	到期恢复	
1	用户不需要办理手续，系统自动恢复	

四、话术指南

（1）问：在哪里可以办理这个业务？

答：您好，目前采用营业厅受理和电子渠道受理（简称线下和线上）两种方式，您可通过营业厅和电子渠道两种方式，其中电子渠道目前主要有“网上国网”手机 App、“95598”网站等，实行“一证受理”，直接确认资料的有效性和完整性。

（2）问：办理减容业务需要提供哪些资料？

答：您好，需要提供以下资料：

1）“变更用电申请单”。

2）有效身份证明复印件（自然人办理时必备）。

3）用电户主体证明，包括：法定代表人有效身份证明（经办人办理时无需提供）、经加盖单位公章的营业执照（或组织机构代码证，宗教活动场所登记证，社会团体法定代表人登记证书，军队、武警出具的办理用电业务的证明）。

4）授权委托书（自然人用户不需要提供，委托代理人办理时必备）。

5）经办人有效身份证明（委托代理人办理时必备）。

6）用户编号。

（3）问：办理减容业务需要多少天？

答：您好，用户申请减容，应提前 5 个工作日办理相关手续。

1）对临时性减容，在用户约定时间或与供电企业协商一致的时间办理减容。

2）对永久性减容，供电方案答复：单电源 15 个工作日，多电源 30 个工作日；设计文件审核：5 个工作日；中间检查：3 个工作日；竣工验收：5 个工作日；装表接电：5 个工作日。

（4）问：怎么收费呢？

答：您好，办理此项业务不收取任何费用。

（5）问：减容期间电费怎么收取？

答：您好，根据《供电营业规则》规定：减容必须是整台或整组变压器的停止或更换小容量变压器用电。供电企业在受理之日后，根据用户申请减容的日期对设备进行加封。从加封之日起，按原计费方式减收其相应容量的基本电费。但用户申明为永久性减容的或从加封之日起期满两年又不办理恢复用电手续的，其减容后的容量已达不到实施两部制电价规定容量标准时，应改为单一制电价计费。

（6）问：减少用电容量的期限是怎么规定的？

答：您好，根据《供电营业规则》规定：减少用电容量的期限，应根据用户所提出的申请确定，但最短期限不得少于六个月，最长期限不得超过两年。

（7）问：在减容期限内，关于容量的使用权是如何规定的？

答：您好，根据《供电营业规则》规定：在减容期限内，供电企业应保留用户减少容量的使用权。用户要求恢复用电，超过减容期限要求恢复用电时，应按新装或增容手续办理。

（8）问：在减容期限内要求恢复用电时，应如何办理？

答：您好，根据《供电营业规则》规定：在减容期限内要求恢复用电时，应在五天前向供电企业办理恢复用电手续，基本电费从启封之日起计收。

（9）问：减容期满后，可以继续再申请减容吗？

答：您好，根据《供电营业规则》规定：减容期满后的用户以及新装、增容用户，两年内不得申办减容或暂停。如确需继续办理减容或暂停的，减少或暂停部分容量的基本电费应按 50% 计算收取。

（10）问：需要签订合同之类的材料吗？

答：您好，需要签订："变更用电申请单""供用电合同"。

五、依据来源

中华人民共和国电力工业部令第 8 号《供电营业规则》。

第四节 暂停、暂停恢复

一、服务内容

供电企业根据客户提出的变更用电需求，受理客户因业务调整，对受电设备进行加封，暂时停止部分或全部设备用电的业务。

二、服务流程

本服务流程由业务受理开始，经现场加封、抄表、归档 3 个环节，服务结束，如图 3-6 所示。

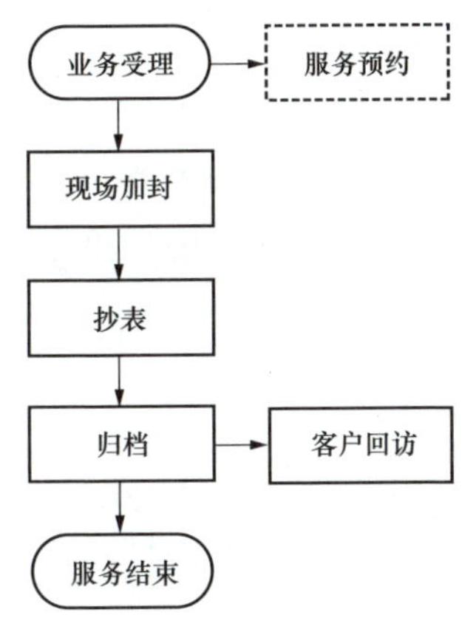

图 3-6 暂停、暂停恢复业务流程图

1. 业务受理

业务受理员实行“首问负责制”“一证受理”“一次性告知”“一站式服务”。业务受理员对所受理的业务进行全程跟踪，并及时反馈用户各环节进度。

（1）受理临柜用户用电申请时，主动询问用户申请意图，向用户提供业务办理告知书，告知用户需提交的资料清单、业务办理流程、收费项目及标准、监督电话等信息。接收并查验用户申请资料，20min 内在营销系统中发起暂停业务流程，2h 内将流程推至客户经理。申请资料不齐全的用户，业务受理员应通过缺件通知书形式告知用户需提供的缺件内容。已有用户资料或资质证件尚在有效期内，则无须用户再次提供。业务受理员在 1 个工作日内将申请资料及流程发送至客户经理。

（2）收到用户“网上国网”手机 App、“95598”网站等电子渠道办电申请，业务受理员 1 个工作日内完成资料审核，并主动联系用户进行申请确认及服务预约，完成业务受理后当日将流程推送至客户经理。对于申请资料暂不齐全的用户，按照“一证受理”要求办理，由业务受理员告知用户在现场勘查时收资。

（3）实行同一地区可跨营业厅受理办电申请。各级供电营业厅，均应受理各电压等级用户用电申请。同城异地营业厅应在 1 个工作日内将收集的用户报装资料传递至属地营业厅，实现“内转外不转”。

2. 现场加封

受理用户暂停申请以后，客户经理核实用户用电地址、用电容量、用电类别，按照用户申请时间对暂停相应容量设备进行加封。

3. 抄表

现场加封完成后，需要进行现场抄表。

4. 归档

完成现场加封后，客户经理 1 个工作日内完成归档。

三、所需资料

暂停、暂停恢复申请所需资料清单见表 3–8。

表 3–8　　暂停、暂停恢复申请所需资料清单

序号	资料名称	备注
一	暂停	
1	变更用电申请单	加盖单位公章

续表

序号	资料名称	备注
2	单位证明资料	
3	提供经办人身份证原件和复印件	如无法提供身份证时，可提供军官证、护照等有效证件
4	用户编号	
二	暂停恢复	
1	变更用电申请单	加盖单位公章
2	单位证明资料	
3	提供经办人身份证原件和复印件	如无法提供身份证时，可提供军官证、护照等有效证件
4	用户编号	

注 1. 申请表上加盖与系统户名一致的单位公章。

2. 此业务适用于高压客户，居民客户及低压非居民客户不办理暂停业务，一般办理暂拆业务。

四、话术指南

（1）问：在哪里可以办理这个业务?

答：您好，目前采用营业厅受理和电子渠道受理（简称线下和线上）两种方式，您可通过营业厅和电子渠道两种方式，其中电子渠道目前主要有“网上国网”手机 App、“95598”网站等，实行“一证受理”，直接确认资料的有效性和完整性。

（2）问：办理暂停业务需要提供哪些资料?

答：您好，需要提供以下资料：

1）“变更用电申请单”。

2）用电户主体证明，包括：法定代表人有效身份证明（经办人办理时无须提供），经加盖单位公章的营业执照（或组织机构代码证，宗教活动场所登记证，社会团体法定代表人登记证书，军队、武警出具的办理用电业务的证明）。

3）授权委托书（自然人用户不需要提供，委托代理人办理时必备）。

4）经办人有效身份证明（委托代理人办理时必备）。

5）用户编号。

（3）问：办理暂停业务需要多少天？

答：您好，用户申请暂停，应提前5个工作日办理相关手续；3个工作日内或与用户协商一致的时间办理。

（4）问：怎么收费呢？

答：您好，办理此项业务不收取任何费用。

（5）问：暂停业务一年内可以申请几次？

答：您好，根据2017年国家发展改革委出台的发改办价格〔2016〕1583号《关于完善两部制电价用户基本电价执行方式的通知》，电力用户（含新装、增容用户）申请减容、暂停用电，取消次数限制，但暂停时间每次不应少于15日，每一日历年内累计不超过六个月；暂停超过六个月的可由用户申请办理减容，减容期限不受时间限制。

（6）问：如果按变压器容量申请减容怎么计收基本电费？

答：您好，根据《供电营业规则》规定：按变压器容量计收基本电费的用户，暂停用电必须是整台或整组变压器停止运行。供电企业在受理暂停申请后，根据用户申请暂停的日期对暂停设备加封。从加封之日起，按原计费方式减收其相应容量的基本电费。

[注意]：按最大需量计收基本电费的用户，申请暂停用电必须是全部容量（含不通过受电变压器的高压电动机）的暂停。

（7）问：如果超过暂停业务申请的期限，没有及时申请恢复用电，会有什么后果？

答：您好，根据《供电营业规则》规定：暂停期满或每一日历年内累计暂停用电时间超过六个月者，不论用户是否申请恢复用电，供电企业须从期满之日起，按合同约定的容量计收其基本电费。

（8）问：在暂停期限内，申请恢复暂停用电容量应如何办理？

答：您好，根据《供电营业规则》规定：在暂停期限内，用户申请恢复暂停用电容量用电时，须在预定恢复日前五天向供电企业提出申请。暂停时间少于15天者，暂停期间基本电费照收。

（9）问：需要签订合同之类的材料吗？

答：您好，需要签订“变更用电申请单”。

（10）问：新装变压器投运之后多长时间可以办理暂停业务？

答：根据发改办价格〔2016〕1583号《国家发展改革委办公厅关于完善两部制电价用户基本电价执行方式的通知》文件相关规定：放宽减容（暂停）期限限制。①电力用户（含新装、增容用户）可根据用电需求变化情况，提前5个工作日向电网企业申请减容、暂停、减容恢复、暂停恢复用电，暂停用电必须是整台或整组变压器停止运行，减容必须是整台或整组变压器的停止或更换小容量变压器用电。电力用户减容两年内恢复的，按减容恢复办理；超过两年的按新装或增容手续办理。②电力用户申请暂停时间每次不应少于15日，每一日历年内累计不超过六个月，超过六个月的可由用户申请办理减容。减容期限不受时间限制。③减容（暂停）后容量达不到实施两部制电价规定容量标准的，应改为相应用电类别单一制电价计费，并执行相应的分类电价标准。减容（暂停）后执行最大需量计量方式的，合同最大需量按照减容（暂停）后总容量申报。④减容（暂停）设备自设备加封之日起，减容（暂停）部分免收基本电费。

五、依据来源

（1）中华人民共和国电力工业部令第8号《供电营业规则》。

（2）国网营销营业〔2017〕40号《国家电网公司变更用电及低压居民新装（增容）业务工作规范（试行）》。

第五节　移表

一、服务内容

供电企业根据用户提出的变更用电需求，受理用户因修缮房屋或其他原因，需要移动用电计量装置安装位置的移表业务。

二、服务流程

本服务流程由业务受理开始，经现场勘查、竣工验收、装表接电、归档4个环节，服务结束，如图3-7所示。

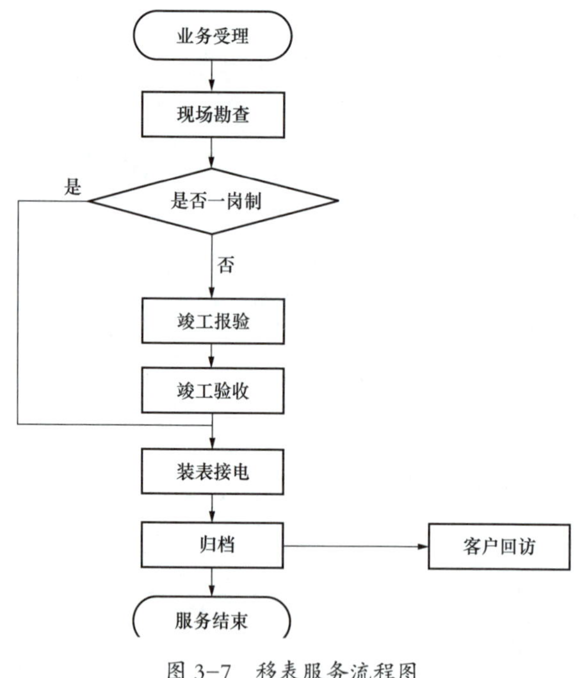

图3-7　移表服务流程图

1. 业务受理

业务受理员实行“首问负责制”“一证受理”“一次性告知”“一站式服务”。

业务受理员对所受理的业务进行全程跟踪，并及时反馈用户各环节进度。

（1）受理临柜用户用电申请时，主动询问用户申请意图，向用户提供业务办理告知书，告知用户需提交的资料清单、业务办理流程、收费项目及标准、监督电话等信息。接收并查验用户申请资料，20min 内在营销系统中发起更名、过户业务流程，2h 内将流程推至客户经理。申请资料不齐全的用户，业务受理员应通过缺件通知书形式告知用户需提供的缺件内容。已有用户资料或资质证件尚在有效期内，则无须用户再次提供。业务受理员在 1 个工作日内将申请资料及流程发送至客户经理。

（2）收到用户“网上国网”手机 App、“95598”网站等电子渠道办电申请，业务受理员 1 个工作日内完成资料审核，并主动联系用户进行申请确认及服务预约，完成业务受理后当日将流程推送至客户经理。对于申请资料暂不齐全的用户，按照“一证受理”要求办理，由业务受理员告知用户在现场勘查时收资。

（3）实行同一地区可跨营业厅受理办电申请。各级供电营业厅，均应受理各电压等级用户用电申请。同城异地营业厅应在 1 个工作日内将收集的用户报装资料传递至属地营业厅，实现“内转外不转”。

（4）受理移表时应特别注意以下事项：

1）用户移表应提前 5 个工作日申请。

2）在用电地址、用电容量、用电类别、供电点等不变，仅电能计量装置安装位置变化的情况下，可办理移表手续。

2. 现场勘查

客户经理根据与用户约定的时间进行现场勘查，确定移表具体实施方案，填写现场勘查单或录入移动作业终端，并由用户签字（或者电子签名方式）确认。现场勘查时限：正式受理后 5 个工作日内完成；对有特殊要求的用户，按照与用户约定的时间完成。现场具备直接移表条件的，应采用“一岗制”作业模式，当场完成移表工作。

3. 竣工检验

存在用户受电工程的，收到用户竣工检验申请后，按照相关标准，对用户受电工程的工程质量进行全面检验。具备条件的，可由用户自行通过电子渠道提交竣工检验申请。竣工检验时限：竣工检验受理后 5 个工作日内完成；对有特殊要求的用户，按照与用户约定的时间完成。

4. 装表接电

如需变更计量装置，由装表接电人员完成装表接电工作，并由用户在纸质电能计量装接单或者移动作业终端上签字（电子签名方式）确认表计底度。装表接电时限：竣工检验受理后 5 个工作日内完成；对有特殊要求的用户，按照与用户约定的时间完成。

5. 归档

完成装表接电环节后，将流程发送至“归档”环节，客户经理并在 3 个工作日内归档。

三、所需资料

（1）居民客户需要提供表 3–9 所示的申请资料。

表 3–9　　居民客户移表申请资料清单

序号	居民用户资料名称	备注
1	房屋产权证原件和复印件	如无法提供房屋产权证时，可提供建房许可证、房管公房租赁证、房屋居住权证明等
2	产权人身份证原件和复印件及经办人身份证原件和复印件	如无法提供身份证明时：可提供军官证、护照等有效证件
3	用户编号	
4	变更用电申请单	

（2）非居民客户需要提供表 3-10 所示的申请资料。

表 3-10 非居民客户移表所需资料清单

序号	资料名称	备注
一	系统内户名为单位名称的	
1	组织机构代码证、营业执照、一般纳税人证件复印件	
2	经办人身份证原件及复印件	如无法提供身份证明时，可提供军官证、护照等有效证件
3	用户编号	
4	变更用电申请单	需在申请单上加盖与系统户名一致的单位公章
二	系统内户名为个人姓名的	
1	房屋产权证原件和复印件	如无法提供房屋产权证时，可提供建房许可证、房管公房租赁证、房屋居住权证明等
2	产权人身份证原件和复印件及经办人身份证原件和复印件	如无法提供身份证明时，可提供军官证、护照等有效证件
3	用户编号	
4	变更用电申请单	

四、话术指南

（1）问：在哪里可以办理这个业务？

答：您好，目前采用营业厅受理和电子渠道受理（简称线下和线上）两种方式，您可通过营业厅和电子渠道两种方式，其中电子渠道目前主要有“网上国网”手机 App、“95598”网站等，实行“一证受理”，直接确认资料的有效性和完整性。

（2）问：办理移表业务需要提供哪些资料？

答：您好，需要提供以下资料：

1）居民用户应提供资料：

a. 房屋产权证原件和复印件（如无法提供房屋产权证时，可提供建房许可证、房管公房租赁证、房屋居住权证明等）。

b. 产权人身份证原件和复印件及经办人身份证原件和复印件（如无法提供身份证明时，可提供军官证、护照等有效证件）。

c. 用户编号。

2）非居民用户应提供资料：

a. 系统内户名为单位名称的：①申请表（需在申请单上加盖与系统户名一致的单位公章）；②经办人身份证原件及复印件（如无法提供身份证明时，可提供军官证、护照等有效证件）；③用户编号。

b. 系统内户名为个人姓名的：①房屋产权证原件和复印件（如无法提供房屋产权证时，可提供建房许可证、房管公房租赁证、房屋居住权证明等）；②产权人身份证原件和复印件及经办人身份证原件和复印件（如无法提供身份证明时，可提供军官证、护照等有效证件）；③用户编号。

（3）问：办理移表业务需要多少天？

答：您好，申请移表业务所需的时间：①现场勘查：5个工作日；②竣工验收：5个工作日；③装表接电：5个工作日。

（4）问：怎么收费呢？

答：您好，该项业务不收取费用。

（5）问：办理移表业务都有哪些规定？

答：您好，根据《供电营业规则》规定：①在用电地址、用电容量、用电类别、供电点等不变情况下，可办理移表手续；②移表所需的费用由用户负担；③用户不论何种原因，不得自行移动表位，否则，可按《供电营业规则》第一百条第5项处理。

（6）问：需要签订合同之类的材料吗？

答：您好，需要签订“变更用电申请单”“供用电合同”。

五、依据来源

（1）中华人民共和国电力工业部令第 8 号《供电营业规则》。

（2）国网营销营业〔2017〕40 号《国家电网公司变更用电及低压居民新装（增容）业务工作规范（试行）》。

第六节　暂拆、复装

一、服务内容

供电企业根据用户提出的变更用电需求，受理用户因修缮房屋等原因需要暂时停止用电并拆表及复装的用电业务。

二、服务流程

本服务流程为：由业务受理开始，经现场勘查、拆表 / 装表接电、归档 3 个环节，服务结束，如图 3–8 和图 3–9 所示。

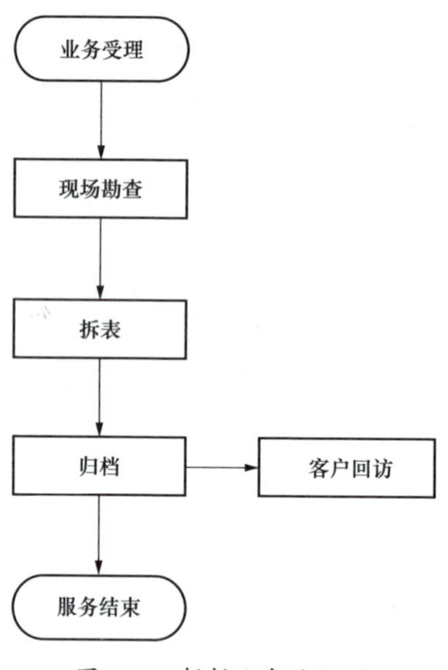

图 3–8　暂拆业务流程图

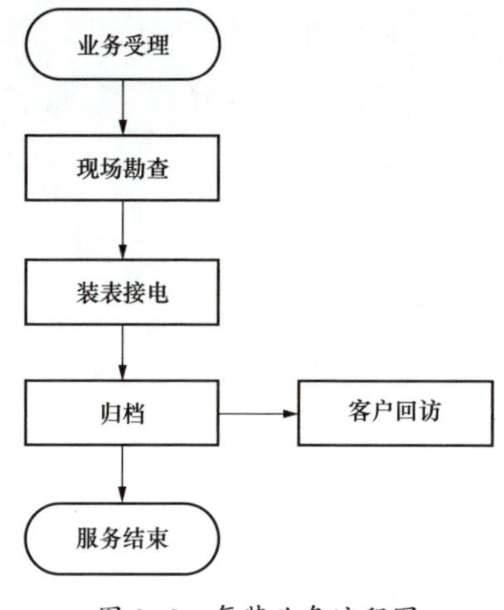

图 3-9 复装业务流程图

1. 业务受理

业务受理员实行“首问负责制”“一证受理”“一次性告知”“一站式服务”。业务受理员对所受理的业务进行全程跟踪，并及时反馈用户各环节进度。

（1）受理临柜用户用电申请时，主动询问用户申请意图，向用户提供业务办理告知书，告知用户需提交的资料清单、业务办理流程、收费项目及标准、监督电话等信息。接收并查验用户申请资料，20min 内在营销系统中发起暂拆、复装业务流程，2h 内将流程推至客户经理。申请资料不齐全的用户，业务受理员应通过缺件通知书形式告知用户需提供的缺件内容。已有用户资料或资质证件尚在有效期内，则无须用户再次提供。业务受理员在 1 个工作日内将申请资料及流程发送至客户经理。

（2）收到用户“网上国网”手机 App、“95598”网站等电子渠道办电申请，业务受理员 1 个工作日内完成资料审核，并主动联系用户进行申请确认及服务预约，完成业务受理后当日将流程推送至客户经理。对于申请资料暂不齐全的用户，按照“一证受理”要求办理，由业务受理员告知用户在现场勘查时收资。

（3）实行同一地区可跨营业厅受理办电申请。各级供电营业厅，均应受理各电压等级用户用电申请。同城异地营业厅应在1个工作日内将收集的用户报装资料传递至属地营业厅，实现“内转外不转”。

（4）受理“暂拆/复装”业务时应特别注意以下事项：

1）暂拆和复装适用于低压供电用户。

2）用户办理暂拆手续后，供电企业应在五个工作日内执行暂拆；暂拆原因消除，用户办理复装手续后，供电企业应在五个工作日内复装接电。用户申请暂拆时间最长不得超过六个月，超过暂拆规定时间要求复装接电者，按新装手续办理。

3）用户同一自然人或同一法定代表人主体的其他用电地址的电费交费情况正常，如有欠费则应给予提示。

2. 现场勘查

客户经理按照与用户约定的时间开展现场勘查，现场核实用户的暂拆/复装申请信息，与用户协商确定计量装拆方案，填写现场勘查单或录入移动作业终端，由用户签字（或者电子签名方式）确认。

现场勘查时具备直接拆表/装表接电条件的，应采用“一岗制”作业模式，当场完成拆表/装表接电工作。

3. 拆表/装表接电

现场勘查时不具备直接拆表/装表条件的，装接责任部门（班组）工作人员按约定的现场服务时间完成现场拆表/装表接电工作，并由用户在纸质电能计量装接单或者移动作业终端上签字（电子签名方式）确认表计底度。

4. 归档

完成装表接电环节后，将流程发送至“归档”环节，客户经理在3个工作日内归档。

三、所需资料

（1）居民客户暂拆及复装应提供表 3–11 所示的资料。

表 3–11 居民客户暂拆及复装申请资料清单

序号	居民客户资料名称	备注
1	房屋产权证原件和复印件	如无法提供房屋产权证时，可提供建房许可证、房管公房租赁证、房屋居住权证明等
2	产权人身份证原件和复印件及经办人身份证原件和复印件	如无法提供身份证明时，可提供军官证、护照等有效证件
3	用户编号	
4	变更用电申请单	

（2）非居民用户暂拆及复装应提供表 3–12 所示的资料。

表 3–12 非居民用户暂拆及复装申请资料清单

序号	资料名称	备注
一	系统内户名为单位名称的	
1	变更用电申请单	需在申请单上加盖与系统户名一致的单位公章
2	经办人身份证原件及复印件	如无法提供身份证明时，可提供军官证、护照等有效证件
3	用户编号	
二	系统内户名为个人姓名的	
1	变更用电申请表	需在申请单上加盖与系统户名一致的单位公章

续表

序号	资料名称	备注
2	房屋产权证原件和复印件	如无法提供房屋产权证时，可提供建房许可证、房管公房租赁证、房屋居住权证明等
3	产权人身份证原件和复印件及经办人身份证原件和复印件	如无法提供身份证明时，可提供军官证、护照等有效证件
4	用户编号	

四、话术指南

（1）问：在哪里可以办理这个业务?

答：您好，目前采用营业厅受理和电子渠道受理（简称线下和线上）两种方式，您可通过营业厅和电子渠道两种方式，其中电子渠道目前主要有“网上国网”手机 App、“95598”网站等，实行“一证受理”，直接确认资料的有效性和完整性。

（2）问：办理暂拆业务需要提供哪些资料?

答：您好，需要提供以下资料：

1）居民用户应提供资料：①房屋产权证原件和复印件（如无法提供房屋产权证时，可提供建房许可证、房管公房租赁证、房屋居住权证明等）；②产权人身份证原件和复印件及经办人身份证原件和复印件（如无法提供身份证明时，可提供军官证、护照等有效证件）；③用户编号。

2）非居民用户应提供资料：

a. 系统内户名为单位名称的：①申请表（需在申请单上盖与系统户名一致的单位公章）；②经办人身份证原件及复印件（如无法提供身份证明时，可提供军官证、护照等有效证件）；③客户编号。

b. 系统内户名为个人姓名的：①房屋产权证原件和复印件（如无法提供房屋产权证时，可提供建房许可证、房管公房租赁证、房屋居住权证明等）；②产权人身份证原件和复印件及经办人身份证原件和复印件（如无法提供身份证明时，可提供军官证、护照等有效证件）；③客户编号。

（3）问：办理暂拆后，几天执行到位？

答：您好，申请移表业务所需的时间如下：①现场勘查：5个工作日；②竣工验收：5个工作日；③装表接电：5个工作日。

（4）问：怎么收费呢？

答：您好，办理此项业务不收取任何费用。

（5）问：办理暂拆业务都有哪些规定？

答：您好，根据《供电营业规则》规定：①用户办理暂拆手续后，供电企业应在5天内执行暂拆。②暂拆时间最长不得超过六个月，暂拆期间，供电企业保留该用户原容量的使用权。③暂拆原因消除，用户要求复装接电时，须向供电企业办理复装接电手续并按规定交付费用。上述手续完成后，供电企业应在五天内为该用户复装接电。④超过暂拆规定时间要求复装接电者，按新装手续办理。

（6）问：需要签订合同之类的材料吗？

答：您好，需要签订“暂拆申请表”“供用电合同”。

五、依据来源

（1）中华人民共和国电力工业部令第8号《供电营业规则》。

（2）国网营销营业〔2017〕40号《国网营销部关于印发变更用电及低压居民新装（增容）业务工作规范（试行）的通知》。

第七节　改类

一、服务内容

供电企业根据用户提出的变更用电需求，受理因用户要求变更用电类别的业务，如变更计费方式、调整需量值等可办理改类业务。

二、服务流程

本服务流程由业务受理开始，经现场勘查、合同签订、现场抄表、归档4个环节，服务结束，如图3-10所示。

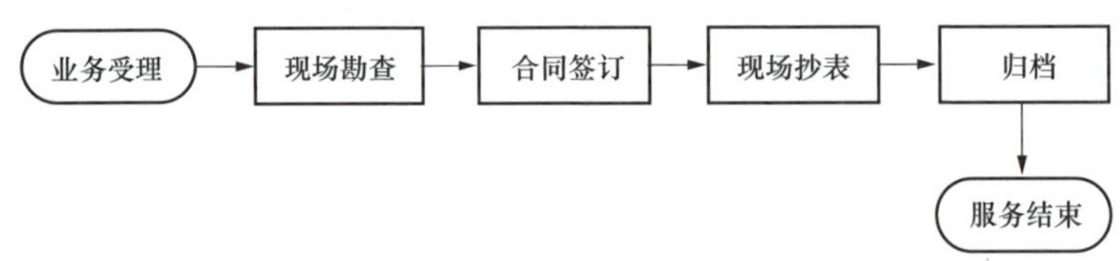

图3-10　改类业务流程图

1. 业务受理

业务受理员实行“首问负责制”“一证受理”“一次性告知”“一站式服务”。业务受理员对所受理的业务进行全程跟踪，并及时反馈用户各环节进度。

（1）受理临柜用户用电申请时，主动询问用户申请意图，向用户提供业务办理告知书，告知用户需提交的资料清单、业务办理流程、收费项目及标准、监督电话等信息。接收并查验用户申请资料，20min内在营销系统中发起更名、过户业务流程，2h内将流程推至客户经理。申请资料不齐全的用户，业务受理员应通过缺件通知书形式告知用户需提供的缺件内容。已有用户资料或资质证件尚在有效期内，则无须用户再次提供。业务受理员在1个工作日内将申请资料及流程发送至客户经理。

（2）收到用户“网上国网”手机App、“95598”网站等电子渠道办电申请，业务受理员1个工作日内完成资料审核，并主动联系用户进行申请确认及服务预约，完成业务受理后当日将流程推送至客户经理。对于申请资料暂不齐全的用户，按照“一证受理”要求办理，由业务受理员告知用户在现场勘查时收资。

（3）实行同一地区可跨营业厅受理办电申请。各级供电营业厅，均应受理各电压等级用户用电申请。同城异地营业厅应在1个工作日内将收集的用户报装资料传递至属地营业厅，实现“内转外不转”。

2. 现场勘查

客户经理按照与用户约定的时间开展现场勘查，现场核实用户的改类申请信息，与用户协商确定改类方案，填写现场勘查单或录入移动作业终端，由用户签字（或者电子签名方式）确认。

3. 合同签订

现场勘查完成后，根据现场勘查的信息，与用户签订供用电合同。

4. 现场抄表

在用户现场核对表计信息，完成现场抄表。对受理的业务，由客户经理对受理信息及相关资料进行再次核对，确无问题的在3个工作日完成办理。

5. 归档

业务办理完成后，客户经理1个工作日内对系统信息和纸质资料进行归档。

三、所需资料

（1）居民客户在办理改类时需要提供表3-13所示的申请资料。

表3-13　　居民客户办理改类申请资料清单

序号	居民用户改类资料名称	备注
1	提供与系统户名一致的身份证原件及复印件	如无法提供身份证明时，可提供军官证、护照等有效证件
2	用户编号或电能表表号	

续表

序号	居民用户改类资料名称	备注
3	变更用电申请单	

注 如委托经办人来办理，还需携带经办人的身份证原件及复印件（如无法提供身份证时，可提供军官证、护照等有效证件）。

（2）居民峰谷变更需要提供表3–14所示的申请资料。

表3–14 居民峰谷变更申请资料清单

序号	居民峰谷变更资料名称	备注
1	用电户主体证明，自然人：身份证、军人证、护照、户口簿或公安机关户籍证明	
2	经办人有效身份证明	
3	用户编号	
4	变更用电申请单	

（3）非居民用户在办理改类时需要提供表3–15所示的申请资料。

表3–15 非居民用户办理改类申请资料清单

序号	非居民用户改类资料名称（如改电价、加装分表等）	备注
1	房屋产权证原件和复印件	如无法提供房屋产权证时，可提供土地证、公房租赁证、商品房买卖契约等
2	产权人身份证原件及复印件及经办人身份证原件及复印件	如无法提供身份证时，可提供军官证、护照等有效证件
3	相关证明或批文原件及复印件	
4	如系统内户名为单位名称的还需在申请单上加盖与系统户名一致的单位公章	

续表

序号	非居民用户改类资料名称（如改电价、加装分表等）	备注
5	用户编号	
6	变更用电申请单	

（4）基本电价计费方式变更需要提供表 3–16 所示的申请资料。

表 3–16　　基本电价计费方式变更申请资料清单

序号	基本电价计费方式变更资料名称（如改电价、加装分表等）	备注
1	用电户主体证明，包括经加盖单位公章的营业执照	或组织机构代码证，宗教活动场所登记证，社会团体法定代表人登记证书，军队、武警出具的办理用电业务的证明
2	产权人身份证原件及复印件及经办人身份证原件及复印件	如无法提供身份证时，可提供军官证、护照等有效证件
3	授权委托书	
4	经办人有效身份证明	
5	用户编号	
6	变更用电申请单	

（5）调整需量值需要提供表 3–17 所示的申请资料。

表 3–17　　调整需量值申请资料清单

序号	调整需量值变更资料名称（如改电价、加装分表等）	备注
1	用电户主体证明，包括经加盖单位公章的营业执照	或组织机构代码证，宗教活动场所登记证，社会团体法定代表人登记证书，军队、武警出具的办理用电业务的证明

续表

序号	调整需量值变更资料名称（如改电价、加装分表等）	备注
2	产权人身份证原件及复印件及经办人身份证原件及复印件	如无法提供身份证时，可提供军官证、护照等有效证件
3	授权委托书	
4	经办人有效身份证明	
5	用户编号	
6	变更用电申请单	

四、话术指南

（1）问：在哪里可以办理这个业务？

答：您好，目前采用营业厅受理和电子渠道受理（ 简称线下和线上）两种方式，您可通过营业厅和电子渠道两种方式，其中电子渠道目前主要有“网上国网”手机 App、“95598”网站等，实行“一证受理”，直接确认资料的有效性和完整性。

（2）问：办理改类业务需要提供哪些资料？

答：您好。

1）变更计费方式所需提供以下资料：

a.“变更用电申请单”。

b. 用电户主体证明，包括经加盖单位公章的营业执照（或组织机构代码证，宗教活动场所登记证，社会团体法定代表人登记证书，军队、武警出具的办理用电业务的证明）。

c. 授权委托书、经办人有效身份证明（委托代理人办理时必备）。

d. 用户编号。

2）调整需量值所需提供以下资料：

a.《用户调整需量值申请表》。

b. 用电户主体证明，包括经加盖单位公章的营业执照（或组织机构代码证，宗教活动场所登记证，社会团体法定代表人登记证书，军队、武警出具的办理用电业务的证明）。

c. 授权委托书、经办人有效身份证明（委托代理人办理时必备）。

d. 用户编号。

3）居民峰谷变更所需提供以下资料：

a. “变更用电申请单”。

b. 用电户主体证明，自然人：身份证、军人证、护照、户口簿或公安机关户籍证明。

c. 经办人有效身份证明（委托代理人办理时必备）。

d. 用户编号。

（3）问：怎么收费呢？

答：您好，办理此项业务不收取任何费用。

（4）问：办理改类业务都有哪些规定？

答：您好，根据《供电营业规则》规定：第三十五条 用户改类，须向供电企业提出申请，供电企业应按下列规定办理：

1）在同一受电装置内，电力用途发生变化而引起用电电价类别改变时，允许办理改类手续。

2）擅自改变用电类别，应按本规则第一百条第 1 项处理。

（5）问：需要签订合同之类的材料吗？

答：您好，需要签订“变更用电申请单”“用户调整需量值申请表”“供用电合同”。

五、依据来源

中华人民共和国电力工业部令第 8 号《供电营业规则》。

第四章　电能表申校

一、服务内容

客户认为供电企业装设的计费电能表不准时，可向供电企业提出校验申请。

二、服务流程

本服务流程由业务受理开始，经现场检验、拆换电能表、供电公司计量中心检定或各级市场监管行政管理单位依法设立的计量检定机构检定、结果反馈客户 4 个环节，服务结束，如图 4-1 所示。

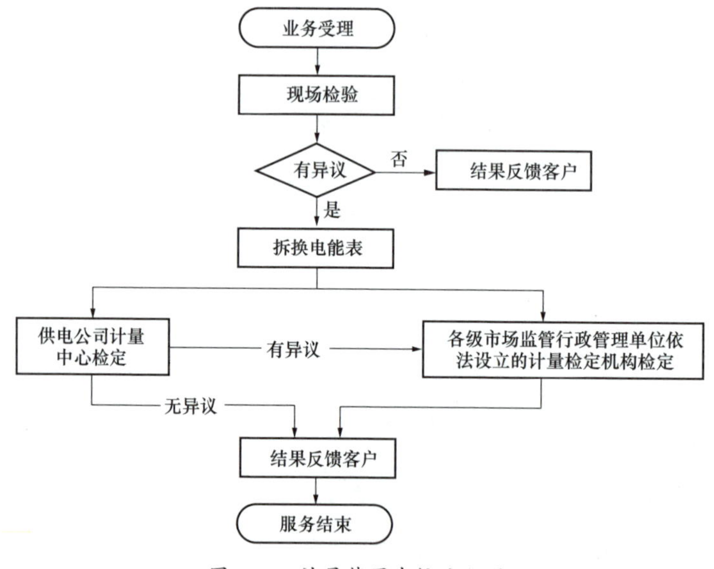

图 4-1　计量装置申校流程图

1. 业务受理

客户递交计费电能表校验申请，业务受理员告知服务时限和按政府批准收费相关内容，20min 内启动“业务工单制”派发至计量班组，由计量人员在 1 个工作日内完成申请单确认和服务预约。接到“95598”服务热线下派的表计校验工单时，在 1 个工作日内，传递工单至计量班组，计量人员在 1 个工作日内完成申请单确认和服务预约。

2. 现场检验

按照与客户约定的时间，计量人员前往客户现场，在满足电能计量装置现场检验规程的条件下进行计量装置检验，并当场告知客户检验结果。

3. 拆换电能表

如客户对现场检验结果有异议时，计量人员现场对计量装置进行临时更换。客户需对拆表底数、表号、封印等信息进行确认签字。

4. 供电公司计量机构检定

计量人员与客户一同将拆回电能表送至供电公司计量机构检定，3 个工作日内完成检定并出具检定结果。营业厅受理人员接到检定结果后，在 1 个工作日内通知客户。

5. 法定计量检定机构检定

客户对供电企业实验室检测结果存在异议时，计量人员与客户一同将电能表送到本地区市场监管局指定的法定计量检定机构检定。

6. 结果反馈客户

计量人员将处理告知营业厅受理人员，营业厅受理人员接到检定结果后，采用当面递交或快递寄送方式将检测结果送达客户。营业厅受理人员在该业务工单归档前对工单处理情况进行回访、归档。

三、所需资料

（1）客户编号。

（2）联系方式。

（3）计量装置校验申请单。

四、话术指南

（1）问：客户认为供电企业装设的计费电能表不准时，应如何处理？

答：您好，请您先确认自己是否因为电器增加、电器使用时间长或电费结算周期变化等原因造成用电量增加。如果您确实认为计量不准，可以到当地电力营业厅或“网上国网”App办理申请校表手续，供电企业免费检定，并在5个工作日内出具检定结果并将检定结果通知客户。

（2）问：验表费由谁承担？

答：您好，①供电公司计量中心为客户提供电能表申校检定服务不收费。②如客户要求在政府设定的计量检定机构检定电能表，供电公司将安排人员会同客户一起将电能表送到所在地区市场监管局指定的计量检定机构进行检定，相关检定费用需要由客户先行垫付。若检定结果合格，由客户承担相应检定费用；若不合格，由供电企业承担相应检定费。

（3）问：申请验表期间，可否不交电费？

答：您好，在申请验表期间，电费仍应按期交纳，验表结果确认后，再行退补电费。

（4）问：检测结果什么时候出具？

答：受理客户计费电能表校验申请后，如由供电公司计量机构检验，5个工作日内出具检测结果。如送往法定的计量检定机构检定，由该机构按其规定的时限出具检测结果，一般需要15个工作日左右。

（5）问：我不认可供电企业出具的检定结果，怎么处理？

答：您好！如果您对供电企业出具的检定结果有异议，还可与供电企业一同将电能表送往所在地区市场监管局指定的法定计量检定机构进行检定，供电企业将根据检定结果承担相应责任。

（6）问：电能表误差超过允许范围时如何退补电费？

答：根据《供电营业规则》第八十条，由于计费计量的互感器、电能表的误差及其连接线电压降超出允许范围或其他非人为原因致使计量记录不准时，供电企业应按下列规定退补相应电量的电费：

1）互感器或电能表误差超出允许范围时，以零误差为基准，按验证后的误差值退补电量。退补时间从上次校验或换装后投入之日起至误差更正之日止的二分之一时间计算。

2）连接线的电压降超出允许范围时，以允许电压降为基准，按验证后实际值与允许值之差补收电量。补收时间从连接线投入或负荷增加之日起至电压降更正之日止。

3）其他非人为原因致使计量记录不准时，以用户正常月份的用电量为基准，退补电量，退补时间按抄表记录确定。

退补期间，用户先按抄见电量如期交纳电费，误差确定后，再行退补。

（7）问：我向物业交电费，感觉物业安装的电能表不准，怎么办？

答：您好，一般向物业交电费的与电力公司不存在结算关系（非计费表），其购置、安装、校验等相关事项不属供电公司负责范围，请您自行处理。如您需要验表，建议您联系各地市市场监管部门。

（8）问：更换智能电能表后，为什么有些我感觉比老表走得快？

答：您好，我们对所有电能表在安装前都按照国家检定规程进行了逐只检定，因此所有新装的电能表客户都可以放心使用。智能电能表与传统机械电能表相比，在计量准确性要求上是相同的，智能电能表在轻负载、小电流的情况下（如手机充电、电视机和空调使用遥控器关闭处于待机状态等）也能正常计量。通过理论计算和各种试验表明，不存在智能电能表较普通表快的现象。建议在日常生活中养成良好的用电习惯，节约用电。

五、依据来源

（1）中华人民共和国电力工业部令第 8 号《供电营业规则》。

（2）《国家电网有限公司供电服务“十项承诺”（2020 版）》。

第五章　电费账务

第一节　缴费

一、远程费控用户缴费

（一）服务内容

远程费控客户接到预警或停电短信通知，剩余电费余额已不足预警阈值或电能表即将断电，需尽快续交电费，以保证正常用电需求。

（二）服务流程

本服务流程由系统预警开始，经通知客户、续交电费成功 2 个环节，服务结束，如图 5–1 所示。

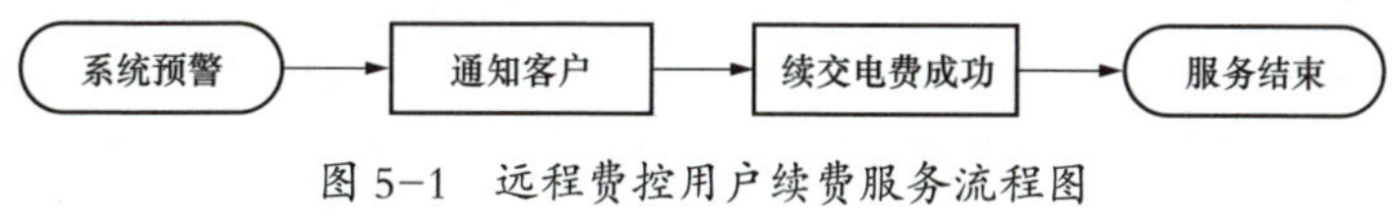

图 5–1　远程费控用户续费服务流程图

1. 系统预警

远程费控系统每日可按合同约定的电价标准测算客户剩余电费余额，当检测到电费余额达到预警阈值时，系统自动发送提醒交费短信。

客户在签订远程费控协议时需明确预警阈值及手机联系方式，阈值不低于客户正常用电情况下 7 天的电量电费，参考值见表 5–1。

表 5-1　　客户远程费控预警阈值表

客户类型	选项描述	预警阈值（元）	停电阈值（元）
居民客户	月电费<50元	10	0
	50元<月电费<250元	50	0
	250元<月电费<500元	100	0
	500元<月电费<1000元	200	0
	1000元<月电费<1500元	300	0
	月电费>1500元	500	0
非居民客户	月电费<200元	50	0
	200元<月电费<800元	200	0
	800元<月电费<1500元	400	0
	1500元<月电费<3000元	800	0
	3000元<月电费<6000元	1600	0
	6000元<月电费<20000元	5000	0
	月电费>20000元	8000	0

2. 通知客户

营销系统发送提示短信至客户手机，提示客户交费。

3. 续交电费成功

客户通过线上、线下缴费渠道交清电费后，系统自动发送交费成功短信。

（三）所需资料

提供客户编号，核对客户名称、用电地址。

二、本地费控用户交费

（一）服务内容

客户本地费控电费余额不足，需尽快续交电费，以保证正常用电需求。

（二）服务内容

本服务流程由客户持卡购电开始，经购电成功写卡、卡内金额入表 2 个环节，服务结束，如图 5-2 所示。

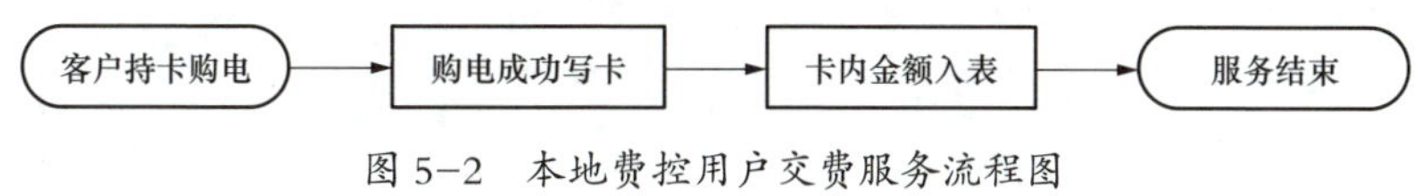

图 5-2 本地费控用户交费服务流程图

1. 客户持卡购电

客户到供电营业厅、电力自助缴费终端、代收费网点、线上电子渠道自助购电。

当本地费控客户智能电能表报警灯长亮时，说明表内剩余金额已不足 10 元，需及时购电以免发生突然断电等情况；当剩余金额为 0 元时，电能表将自动断电，客户需持卡购电。

智能电能表液晶显示屏下方有 3 个指示灯，自左向右分别为脉冲指示灯、跳闸指示灯和报警指示灯。液晶屏显示报警指示灯长亮表示表内剩余金额低于 10 元，提醒客户尽快购电。

脉冲指示灯：红色，平时灭，计量有功电量时闪烁。

跳闸指示灯：黄色，负荷开关分断时亮，平时灭。

报警指示灯：红色，正常时灭，报警时长亮。

2. 购电成功写卡

客户交费购电，将购电金额成功写入购电卡中。

3. 卡内金额入表

将购电卡金属接触面向智能电能表显示屏一侧插入卡槽内 10s 以上，待显示屏上显示“读卡成功”或电能表“滴”响一声后方可拔出，智能电能表自动恢复供电，购电成功。

客户在供电营业厅、代收费网点等持卡购电后，收费人员需与客户确认购电金额已入电卡。客户通过电力自助缴费终端购电的可在购电小票上查询购电结果，电子渠道购电可在对应平台上查询购电结果。

（三）所需资料

购电卡。

[注意]:（1）客户电卡丢失需补办电卡时，应提供户主身份证明，或近期购电凭证在供电营业厅进行补卡。

（2）如无法提供户主身份证明，则需提供代办人身份证明，并签署补卡承诺书。

（3）客户电卡故障时，可持旧电卡在供电营业厅进行免费更换。

三、对公客户交费

（一）服务内容

交费方为对公账户的企业客户需要交纳电费。

（二）服务流程

本服务流程由抄表核算开始，经客户交费、到账确认、出具收据及电费发票3个环节，服务结束，如图5-3所示。

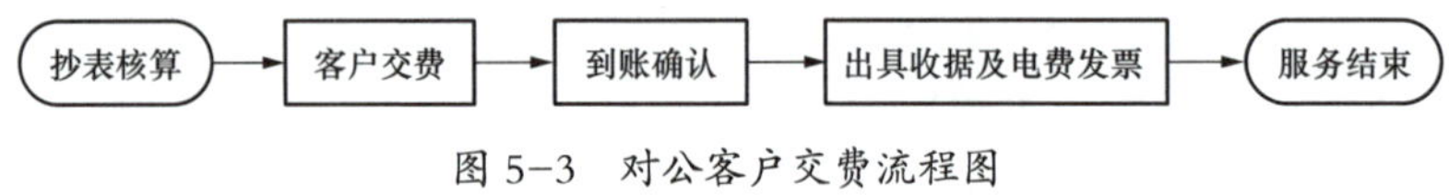

图5-3 对公客户交费流程图

1. 抄表核算

供电企业经过抄表核算后产生当月电费，并通知客户交纳电费。

2. 客户交费

对公客户按照与供电企业签订的“电费结算协议”规定的交费时间、比例及方式结算当期电费。

3. 到账确认

电费账务班确认客户所交纳电费金额无误后即时在营销系统内进行账务处理。

4. 出具收据及电费发票

客户在结清当月电费后，可根据需要至供电营业厅开取收据及电费发票。

（三）所需资料

提供客户编号，核对客户名称、用电地址。

（四）话术指南

问：我是卡表用户，可以网上交费吗？

答：您好，卡表用户可以网上缴费，但是您在网上缴费后必须进行写卡操作才能将缴费信息输入电卡中，目前写卡操作有三种方式：第一种是在营业厅由我们的营业人员为您写卡；第二种是使用“买电宝”，通过具有蓝牙功能的手机即可进行写卡操作，这样您不用前往供电营业厅在家中就可以实现电卡购电；第三种如果您小区内安装补写卡终端，您可以下载“电 e 宝”，签署无卡售电协议，交费后在补写卡终端进行写卡操作。

蓝牙“买电宝”可通过“缴电费、送好礼”等活动进行推广，并且应现场指导客户下载安装“网上国网”手机 App，成功使用“买电宝”买电后赠送。

四、依据来源

（1）中华人民共和国电力工业部令第 8 号《供电营业规则》。

（2）《国家电网有限公司“95598”知识库》。

第二节 补卡

一、服务内容

供电企业受理客户补卡申请，为客户提供电卡补办的服务。

二、服务流程

本服务流程由业务受理开始，经客户身份验证、电卡补办 2 个环节，服务结束，如图 5–4 所示。

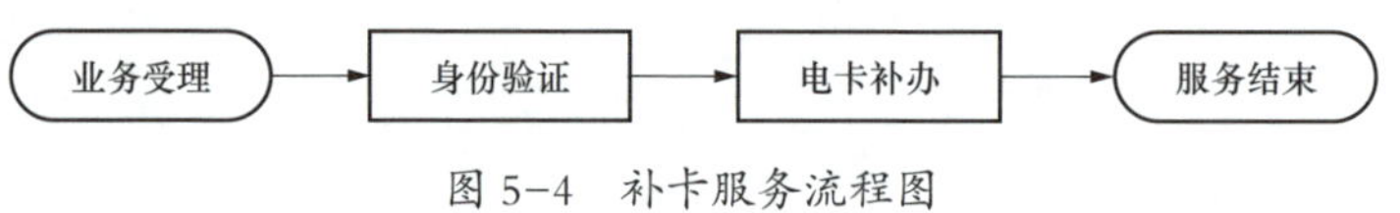

图 5–4 补卡服务流程图

三、所需资料

补卡所需资料清单见表 5–2，补卡承诺书如图 5–5 所示。

表 5–2 补卡所需资料清单

客户	所需资料		所需资料
实名制客户	提供客户编号（如无法提供客户编号时，可提供电费发票、表号代替）	非实名制客户	提供客户编号（如无法提供客户编号时，可提供电费发票、表号代替）
	户主本人身份证原件及复印件（如无法提供身份证明时，可提供军官证、驾照、护照等有效证件）		提供房产证明、宅基地证明等证明户主与用电户关系的相关材料，无法提供房产、宅基地证明的，应提供所在物业、村组出具的证明材料

续表

客户	所需资料		所需资料
实名制客户	如他人代办，代办人需再携带代办人身份证原件及复印件，户主签名的代办委托书	非实名制客户	户主本人身份证原件及复印件（如无法提供身份证明时，可提供军官证、护照等有效证件）
	如无法联系原户的，签署补卡承诺书（见图 5–5）		如他人代办，代办人需再携带代办人身份证原件及复印件，户主签名的代办委托书
对户主本人已过世的客户	需提供客户编号（如无法提供客户编号时，可提供电费发票、表号代替）		
	户主本人死亡证明原件及复印件		
	代办人亲属关系证明原件及复印件（例如户口本或派出所出具的关系证明）		
	代办人本人身份证原件及复印件（如无法提供身份证明时，可提供军官证、护照等有效证件）		
	非实名制客户需提供房产证明、宅基地证明等证明户主与用电户关系的相关材料，无法提供房产、宅基地证明的，应提供所在物业、村组出具的证明材料		

补卡承诺书

国网 ×× 供电公司：

客户编号 ______________，客户名称 ________________。

本人 _____，联系方式 __________。因购电卡丢失，故申请办理补办购电卡手续。

但由于 1. 户主无法联系（　　）；2. 持卡人为租赁者（　　）；3. 证件丢失（　　），故无法提供此次补卡须提供的户主主体资格证明材料。

为保证本人能够及时用电，请供电公司先启动相关服务流程，我承诺：

（1）我已清楚了解上述各项资料是完成补卡手续的必备条件，不能提交将影响后续业务办理，甚至造成无法用电的结果。

（2）我已清楚了解上述各项资料的真实性、合法性、有效性准确性是合法用电的必备条件。若因我提供资料的真实性、合法性、有效性、准确性问题造成与户主纠纷或户主与供电公司的纠纷，所造成的法律责任和各种损失后果由我自行全部承担。

补卡人（承诺人）：

年　　月　　日

图 5-5　补卡承诺书

四、话术指南

（1）问：请问我的电卡丢了怎么办?

答：您好，我们可以免费为您补卡。若您是户主本人，只需提供您的身份证原件；若您不是户主本人，需提供您的身份证原件以及户主身份证原件；若您的用户名称为房地产开发商，无法提供户主身份证明时，您可以提供房屋产权证明或购房合同或其他能证明房屋所有权的文件；农村用户可提供村委会开具的房屋所有权证明；在确认身份后，我们将现场为您补办电卡。

（2）问：请问补卡收费吗?

答：您好，补卡不收取任何费用。

五、依据来源

《国家电网有限公司“95598”知识库》。

第三节　退费

一、服务内容

向客户退回有关费用，包括退多收、重收、错收、误入款项费用以及退预收款、负电费等。

二、服务流程

本服务流程由业务受理开始，经退费流程审批、资料审核，财务转出退费资金，客户退费资金到账 3 个环节，服务结束，如图 5-6 所示。

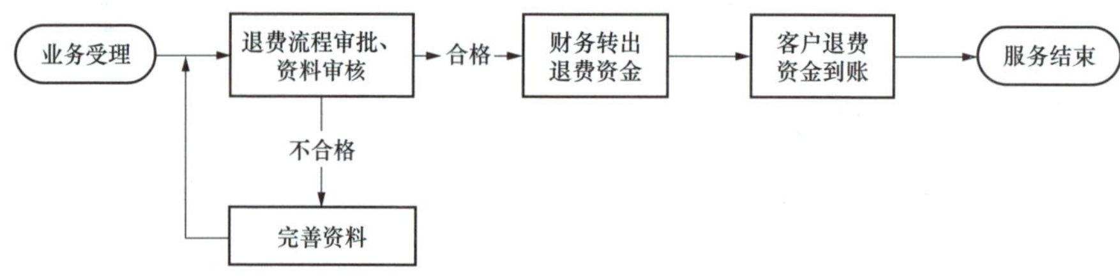

图 5-6　退费服务流程图

1. 业务受理

客户至营业厅柜台提交“客户退费申请审批单”（见表 5-3）及主体资格证明材料后；业务人员受理客户诉求，发起电费退费业务需求。

表 5-3　客户退款申请审批单

部门名称：（盖章）

用户管辖单位名称		编号		日期	
用户编号		表号			
用户名称					

续表

<table>
<tr><td>用电地址</td><td colspan="5"></td></tr>
<tr><td>退款金额</td><td></td><td>元</td><td>电费结余</td><td></td><td>元</td></tr>
<tr><td>退款金额大写</td><td colspan="5"></td></tr>
<tr><td>退款原因</td><td colspan="5"></td></tr>
<tr><td rowspan="4">退款账号（含开户名称、开户行、开户银行账号）</td><td>开户名称</td><td colspan="4"></td></tr>
<tr><td>开户行</td><td colspan="4"></td></tr>
<tr><td>联行号</td><td colspan="4"></td></tr>
<tr><td>开户银行账号</td><td colspan="4"></td></tr>
<tr><td>申请部门</td><td colspan="5">经办人：　　　部门主管：</td></tr>
<tr><td rowspan="2">营业及电费室</td><td colspan="5">退款类型　□预收电费　□不明款项　□误入非电费户</td></tr>
<tr><td colspan="5">审核：　　　部门主管：</td></tr>
<tr><td>营销部</td><td colspan="5">审核：　　　部门主管：</td></tr>
<tr><td>财务部</td><td colspan="5">审核：　　　部门主管：</td></tr>
<tr><td>主管局领导</td><td colspan="5">签字：</td></tr>
<tr><td colspan="6">所导出的审批单与营销系统、线下提供的退费资料信息一致。　经办人签字确认：</td></tr>
</table>

注　误入非电费户退费业务仅需申请部门、营销部、财务部签字。

2. 退费流程审批、资料审核

按财务部门要求，客户所属营销班组客户经理在接到营业厅传递的客户退费申请后 3 个工作日内完善相应退费业务支撑材料，并履行完内部纸质材料的审批、签字手续，同步推送营销系统退费流程至财务部门。申请退费单位内部审批 2 个工作日，营业及电费室、营销部审批 1 个工作日，地市公司分管副总经理审批 1 个工作日。

[注意]：谁发起谁负责，全程跟踪督促并向客户沟通解释。从客户提出电费退费申请开始至退费资金到账，总时长控制不得超过 20 个工作日。

3. 完善资料

退费流程审批、资料审核若存在不达标、资料不完善时，客户经理需尽快补齐、完善资料。

4. 财务转出退费资金

财务部审核营销工作人员提交的退费材料，财务管控系统接收营销系统推送的退费流程，审批完成后执行退费操作。财务部门自受理业务部门提交的退费资料起，小额 2 个工作日、大额 7 个工作日内完成客户退费资金划转。

退费期限目前执行的是当月 18 日向财务部报计划，次月进行退费。

5. 客户退费资金到账

退费资金划转操作后财务管控系统返回退费信息至营销系统，并同时电话告知电费账务班，由电费账务班通知客户所属营销班组客户经理在查询营销系统提示退费成功后，在 1 个工作日内通过电话告知客户查询确认资金到账情况。

三、申请资料

退费必备资料清单见表 5–4。

表 5–4 退费必备资料清单

	资料名称		资料名称
企业退费必备资料清单	“客户退费申请审批单”（见表 5–3）	个人退费必备资料清单	
	用户交款凭据（客户的银行付款凭据或收款收据复印件）		用户交款凭据（客户的银行付款凭据或收款收据复印件）
	对于交重的电费，提供两次交费票据的复印件		对于交重的电费，提供两次交费票据的复印件
	对于多交的电费提供电费计算单和交费票据复印件		对于多交的电费提供电费计算单和交费票据复印件
	退销户预收电费需提供该用户系统截图		退销户预收电费需提供该用户系统截图

续表

	资料名称		资料名称
企业退费必备资料清单	非原路退费需要提供用户营业执照、税务登记证、组织机构代码证复印件及经办人的身份证复印件。用户营业执照、税务登记证、组织机构代码证复印件均需加盖公章	个人退费必备资料清单	个人身份证明材料及银行卡复印件，他人代办的，必须同时提供办理人和代办人的身份证复印件
	退款账号与营销系统户名不符的还需说明原因并提供相应证明材料（需要双方盖章）		如果交款人与退款人不一致需提供转款说明和双方身份证复印件，转款说明应说明交款人与退款人不一致的原因，并需双方当事人签字按手印
	退回的单位名称和银行账户都与用户交款凭据不一致的，需提供转款说明，转款说明需阐明交款单位与退款单位不一致的原因，并需双方单位盖章		
	如原交款单位已不存在，则需要提供相应证明材料		

四、话术指南

（1）问：我的电费交错了怎么办？

答：您好，请不要着急，我们正在核实您的交费记录，确认错交后可以为您办理退费手续。

（2）问：需要提供哪些资料？

答：您好，除了提交“客户退费申请审批单”外，企业退费和个人退费所需资料稍有区别：

1）企业退费必备资料有：

a. 用户交款凭据（客户的银行付款凭据或收款收据复印件）。

b. 对于交重的电费，提供两次交费票据的复印件。

c. 对于多交的电费提供电费计算单和交费票据复印件。

d. 退销户预收电费需提供该用户系统截图；非原路退费需要提供用户营业执照、税务登记证、组织机构代码证复印件及经办人的身份证复印件。用户营业执照、税务登记证、组织机构代码证复印件均需加盖公章。如果企业用户已经三证合一，则提供企业的营业执照和法定代表人身份证即可。企业用户的银行开户名为法定代表人姓名时，须提供法定代表人资格证复印件。

e. 退款账号与营销系统户名不符的还需说明原因并提供相应证明材料（需要双方盖章）。

f. 退回的单位名称和银行账户都与用户交款凭据不一致的，需提供转款说明，转款说明需阐明交款单位与退款单位不一致的原因，并需双方单位盖章。

g. 如原交款单位已不存在，则需要提供相应证明材料。

2）个人退费必备资料：

a. 用户交款凭据（客户的银行付款凭据或收款收据复印件）。

b. 对于交重的电费，提供两次交费票据的复印件。

c. 对于多交的电费提供电费计算单和交费票据复印件。

d. 退销户预收电费需提供该用户系统截图。

e. 个人身份证正反面复印件及银行卡正反面复印件，他人代办的，必须同时提供办理人和代办人的身份证复印件。

f. 如果交款人与退款人不一致需提供转款说明和双方身份证复印件，转款说明应说明交款人与退款人不一致的原因，并需双方当事人签字按手印。

g. 退费申请书，需要客户签名。如果营销系统内用户名与银行卡户名不一致，需客户再提供户口本双方复印件、双方身份证正反面复印件、委托退费说明书。

（3）问：退款几天可以到账？

答： 您好，根据公司要求，从收到退费申请之日起20个工作日内完成，用户退费均为银行转账。

五、依据来源

2017年11月28日国网陕西省电力公司下发文件《关于加强“退补电量电费”和“退费及余额结转”业务规则的通知》。

第四节 业务费收取

一、服务内容

客户在业扩报装过程中按照规定缴纳相关业务费用（高可靠性供电费）。

二、服务流程

本服务流程由客户缴费开始，经交费票据及账单支付1个环节，服务结束，如图5-7所示。

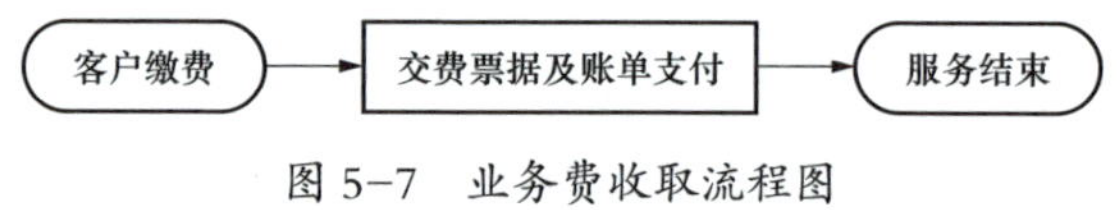

图5-7 业务费收取流程图

1. 客户缴费

客户提供业扩报装前期相关资料，业务人员根据标准收取相应高可靠性供电费。

2. 交费票据及账单支付

交费成功后，打印收据及缴费清单。

三、申请资料

客户业扩报装前期相关资料。

四、话术指南

（1）问：高可靠性供电费有相关标准吗？

答：您好，对于申请新装及增加用电容量的两路及以上多回路供电（含备用电源、保安电源）的用电户，除供电容量最大的供电回路外，对其余供电回路按照国家规定标准收取高可靠性供电费，见表 5–5。

表 5–5 高可靠性供电费收费标准

电压等级（kV）	高可靠性供电费（元/kVA）	
	架空线路	电缆线路
10	210	315
35	160	240
63	105	158
110	80	120
220	60	90
330	60	90

（2）问：我需要提供什么资料?

答：您好，您需要提供单位的营业执照、一般纳税人资格证、开票信息等。

目前营业厅执行的是，收到客户经理提供的客户缴费通知单后，与账务核对该笔费用是否到账，若到账，需客户提供开票资料，方可进行开票。

五、依据来源

（1）陕价管发〔2004〕30 号《陕西省物价局转发国家发展改革委关于停止收取供配电贴费有关问题的补充通知》。

（2）发改办价格〔2017〕1895 号《国家发展改革委办公厅关于取消临时接电费和明确自备电厂有关收费政策的通知》。

第五节　缴纳违约使用电费

一、服务内容

客户发生违约用电、窃电行为，依照法律法规向供电企业缴纳违约使用电费。

二、服务流程

本服务流程由违约使用电费发行开始，经客户缴费、交费票据及账单支付2个环节，服务结束，如图5-8所示。

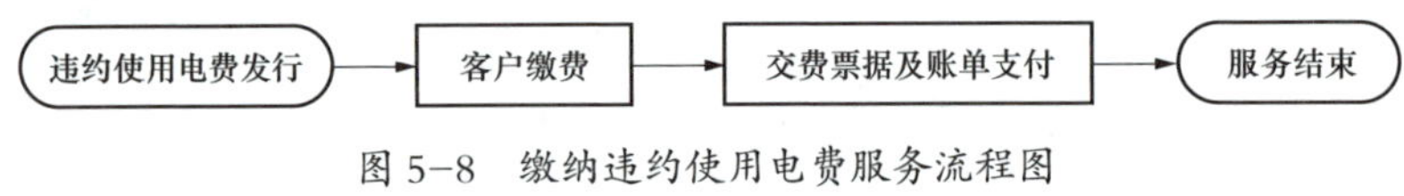

图5-8　缴纳违约使用电费服务流程图

1. 违约使用电费发行

相关部门（用电检查班）根据客户违约用电、窃电行为事实发起电量追补流程，按照相关法律法规要求对客户进行罚款，在系统中发行相应违约使用电费。

2. 客户缴费

客户接到客户经理通知后，在规定时间内缴清相应违约使用电费。

3. 交费票据及账单支付

客户通过线上或线下缴清违约使用电费后，可前往供电营业厅或在线上领取相应票据及账单。

三、申请资料

用户编号、用户名称、用户地址等用户用电信息。

四、话术指南

（1）问：你们供电公司凭什么罚款?

答：客户您好，根据《中华人民共和国电力法》《电力供应与使用条例》《供电营业规则》规定，电力用户发生违约用电或窃电行为应承担相应的违约责任，按照相应标准缴纳违约使用电费，具体的标准如下：

1)《中华人民共和国电力法》第七十一条规定：盗窃电能的，由电力管理部门责令停止违法行为，追缴电费并处应交电费五倍以下的罚款；构成犯罪的，依照刑法有关规定追究刑事责任。

2)《电力供应与使用条例》第四十条规定：违反本条例第三十条规定，违章用电的，供电企业可以根据违章事实和造成的后果追缴电费，并按照国务院电力管理部门的规定加收电费和国家规定的其他费用；情节严重的，可以按照国家规定的程序停止供电。

第四十一条规定：违反本条例第三十一条规定，盗窃电能的，由电力管理部门责令停止违法行为，追缴电费并处应交电费 5 倍以下的罚款；构成犯罪的，依法追究刑事责任。

3)《供电营业规则》第一百条规定：危害供用电安全、扰乱正常供用电秩序的行为，属于违约用电行为。供电企业对查获的违约用电行为应及时予以制止。有下列违约用电行为者，应承担其相应的违约责任：

a. 在电价低的供电线路上，擅自接用电价高的用电设备或私自改变用电类别的，应按实际使用日期补交其差额电费，并承担两倍差额电费的违约使用电费。使用起讫日期难以确定的，实际使用时间按三个月计算。

b. 私自超过合同约定的容量用电的，除应拆除私增容设备外，属于两部制电价的用户，应补交私增设备容量使用月数的基本电费，并承担三倍私增容量基本电费的违约使用电费；其他用户应承担私增容量每千瓦（千伏安）50 元的违约使用电费。如用户要求继续使用者，按新装增容办理手续。

c. 擅自超过计划分配的用电指标的，应承担高峰超用电力每次 1 元 / kW 和超用电量与现行电价电费五倍的违约使用电费。

d. 擅自使用已在供电企业办理暂停手续的电力设备或启用供电企业封存的电力设备的，应停用违约使用的设备。属于两部制电价的用户，应补交擅自使用或启用封存设备容量和使用月数的基本电费，并承担两倍补交基本电费的违约使用电费；其他用户应承担擅自使用或启用封存设备容量每次每千瓦（千伏安）30 元的违约使用电费。启用属于私增容被封存的设备的，违约使用者还应承担本条 b 项规定的违约责任。

e. 私自迁移、更动和擅自操作供电企业的用电计量装置、电力负荷管理装置、供电设施以及约定由供电企业调度的用户受电设备者，属于居民用户的，应承担每次 500 元的违约使用电费；属于其他用户的，应承担每次 5000 元的违约使用电费。

f. 未经供电企业同意，擅自引入（供出）电源或将备用电源和其他电源私自并网的，除当即拆除接线外，应承担其引入（供出）或并网电源容量每千瓦（千伏安）500 元的违约使用电费。

（2）问：违约使用电费怎么计算的？

答:《供电营业规则》中规定：供电企业对查获的窃电行为，应予制止，并可当场中止供电，窃电者应按所窃电量补交电费并承担补交电费三倍的违约使用电费。拒绝承担窃电责任的，供电企业应报请电力管理部门依法处理。窃电数额较大或情节严重，供电企业应提请司法机关追究刑事责任。

窃电量按以下方法确定：

1）在供电企业的供电设施上，擅自接线用电的所窃电量按所接设备容量（千伏安视同千瓦）乘以实际使用时间计算确定。

2）以其他行为窃电，所窃电量按计费电能表标定电流值所对应容量乘以实际窃电的时间计算确定。

3）窃电时间无法查明时，窃电时间至少以 180 天计算，每日窃电时间动力用户按 12h 计算，照明用户按 6h 计算。

举例：某供电公司用电检查班在一次营业普查时发现某居民用户在公用 220V 低压线路上私自接用一只 2000W 的电炉进行窃电，且窃电时间无法查明，试求该居民户应补交电费和违约使用电费多少元？（假设电价为 0.3 元 /kWh）。

根据《供电营业规则》，该用户窃电量：（2000/1000）×180×6=2160（kWh），应补交电费 =2160×0.3=648 元，违约使用电费 =648×3=1944 元。

五、依据来源

（1）国家主席令〔1995〕第 60 号《中华人民共和国电力法》。

（2）中华人民共和国国务院令第 196 号《电力供应与使用条例》。

（3）中华人民共和国电力工业部令第 8 号《供电营业规则》。

第六节 补写卡

一、服务内容

供电企业受理客户补写卡申请，为客户提供电卡补写的服务。

二、服务流程

本服务流程由业务受理开始，经客户交费凭证审核、电卡补写 2 个环节，服务结束，如图 5-9 所示。

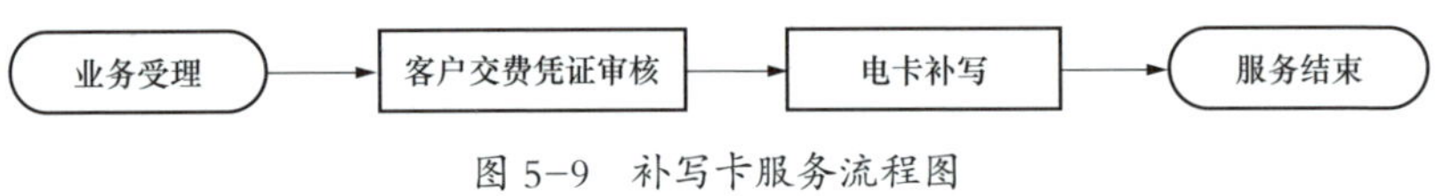

图 5-9 补写卡服务流程图

1. 业务受理

工作人员受理客户补写卡申请。

2. 客户交费凭证审核

客户提供前期未写入电卡的交费凭证，业务人员审核无误后为客户进行补写卡。

3. 电卡补写

补写卡成功后，打印收据。

第七节 更改缴费方式

一、服务内容

供电企业收到客户需求，为符合条件的客户办理电子托收。

二、服务流程

本服务流程由业务受理开始，经资格审核、资料提交、签订电费结算协议、电费账务部门审核、更改缴费方式5个环节，服务结束，如图5-10所示。

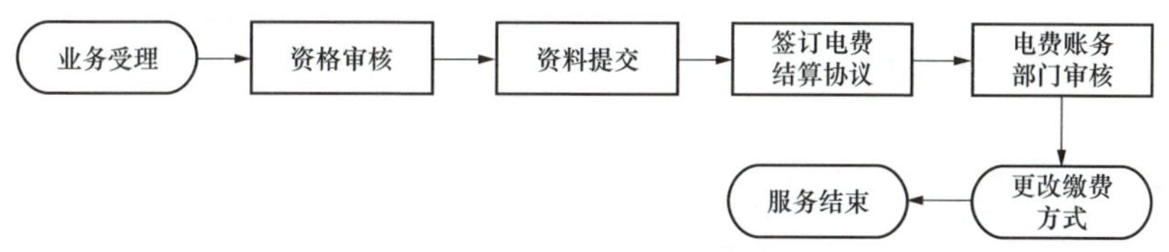

图5-10 更改缴费方式服务流程图

1. 业务受理

供电企业收到客户需求，受理客户的业务诉求。

2. 资格审核

客户经理对客户历史缴费情况进行核查，对于信誉良好的客户可以办理电子托收业务。

3. 资料提交

由客户经理收集更改交费方式所需资料。

4. 签订电费结算协议

在资格审核通过、各项资料提交检查无误，确认可以办理电费银行托收业务后，客户和供电企业签订电费结算协议。

5. 电费账务部门审核

各公司电费账务部门对客户申请资料进行审核。

6. 更改缴费方式

审核通过后在系统更改缴费方式。

三、更改缴费方式申请资料清单申请资料

更改缴费方式申请资料清单见表 5–6。

表 5–6 更改缴费方式申请资料清单

序号	资料名称	是否必备
1	企业法定代表人身份证原件及复印件	是
2	经办人身份证原件及复印件（本人办理时无须此项）	否
3	企业营业执照	是
4	银行托收申请并加盖企业公章	是
5	电费结算协议	是

四、话术指南

（1）问：是否可以申请电费银行托收？

答：您好，对于信誉良好、无拖欠电费的用户，在经过资格审核后可以办理电费银行托收业务。

（2）问：需要提供哪些资料？

答：您好，需要提供企业法定代表人身份证原件及复印件、经办人身份证原件及复印件、企业营业执照、银行托收申请并加盖企业公章。

五、依据来源

《国家电网有限公司“95598”知识库》。

第八节　电费票据打印

一、服务内容

客户缴纳电费后申请获取电费收据、电费发票的服务。

二、服务流程

1. 电费收据获取

本服务流程由客户线上、线下交费开始，经过开具纸质或电子收据凭条1个环节，服务结束，如图5-11所示。

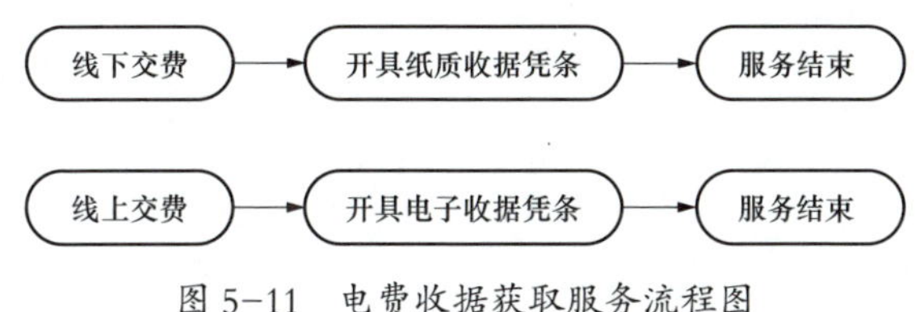

图5-11　电费收据获取服务流程图

（1）线下交费。

客户可至供电营业厅、电力自助缴费机、银行代收费网点及全民付终端进行交费。

（2）开具纸质收据凭条。

客户交费后由营业人员或设备出具纸质收据凭条。

（3）线上交费。

客户可通过“网上国网”手机App、“电e宝”手机App、网上银行、微信公众号、支付宝进行线上交费。

（4）开具电子收据凭条。

客户交费后由线上收费方出具电子凭条。

2. 电子发票获取

本服务流程由业务受理开始，经资质审查、开具电子发票 2 个环节，服务结束，如图 5–12 所示。

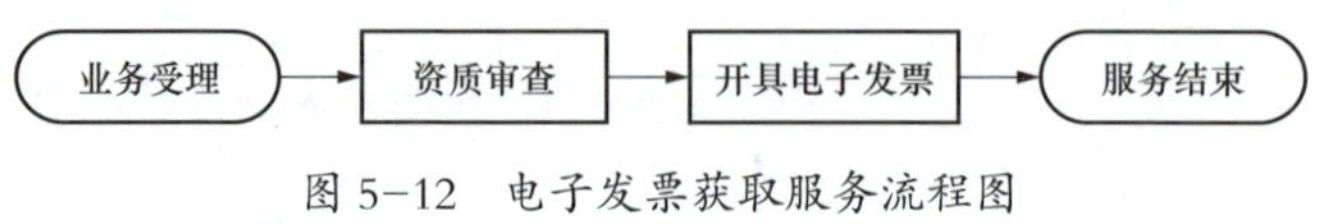

图 5–12 电子发票获取服务流程图

（1）业务受理。

客户提出电子发票申请，工作人员受理客户诉求。

（2）资质审查。

对个人客户，由供电营业厅业务受理人员审核客户户号及个人身份证；企业客户，由供电营业厅业务受理人员审核客户户号、纳税人识别号或统一社会信用代码。

（3）开具电子发票。供电营业厅业务受理人员核对客户身份无误且确认客户电费已结清，立即开具电子发票。客户可选择在营业厅打印电子发票，也可下载“电 e 宝”或使用移动存储设备拷贝后自行打印。

3. 增值税普通发票获取

本服务流程由客户申请领取发票开始，经验证客户身份、核实电费是否结清、电费发票打印 3 个环节，服务结束，如图 5–13 所示。

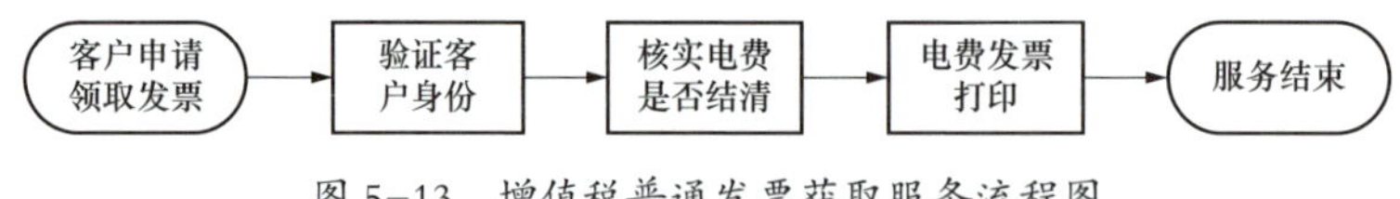

图 5–13 增值税普通发票获取服务流程图

（1）客户申请领取发票。

客户至供电营业厅申请领取增值税普通发票。

（2）验证客户身份。

客户需提供开票本或缴费凭证，如果未携带可提供相应的身份证明

（身份证、军人证、护照、户口簿、公安机关户籍证明、企业主体资格证明），工作人员核实客户身份。

（3）核实电费是否结清。

工作人员立即在营销系统内查看核实电费是否结清。

（4）电费发票打印。

客户在结清电费后，营销系统会形成应收电费金额对应的电费发票。

[注意]：由于税务系统客观原因，建议客户提前打电话约时办理。

三、申请资料

开具电费收据、电子发票所需材料：客户编号、交费凭证、客户纳税人识别号，具体见表 5–7。

表 5–7 增值税普通发票所需资料清单

序号	类型	所需资料
1	首次办理或变更开票信息	（1）首次在供电营业厅办理开票需要提供营业执照（盖公章），办理人身份证明材料，开票信息（盖公章），内容包括客户名称、纳税识别号、地址、电话、客户编号、开户银行及账号等信息。 （2）办理变更开票信息，客户应提供书面确认的开票信息（盖公章）（见图5–14），内容包括客户名称、纳税识别号、地址、电话、用电客户编号、用电户名、开户银行及账号等信息，且客户名称需与营销系统内名称相符
2	非首次办理	客户开票时应携带与营销业务应用系统记录一致的户主身份证明原件

四、话术指南

问：预收电费能否开具增值税电子发票？

答：您好，预收电费不能开具增值税电子发票。

五、依据来源

国家税务总局公告〔2015〕第84号《关于推行通过增值税电子发票系统开具的增值税电子普通发票有关问题的公告》。

客户开票信息

用电客户编号：____________________

用电户名：____________________

证明

我单位开具增值税发票信息如下：

名称：

纳税人识别号：

地址：

电话：

开户行及账号：

经 办 人：

联系电话：

日　　期：

图 5-14　客户开票信息

第九节 申请开具增值税专用发票

一、服务内容

供电企业根据客户需求，为客户变更发票类型（普通发票变为增值税专用发票）的服务。

二、服务流程

本服务流程由业务受理开始，经身份核实、发票类型变更2个环节，服务结束，如图5–15所示。

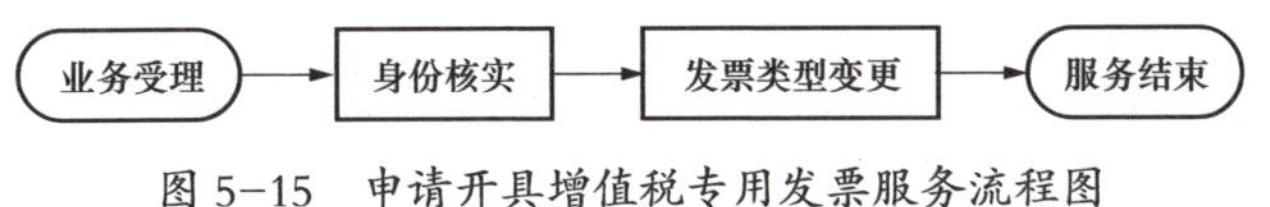

图5–15 申请开具增值税专用发票服务流程图

三、申请资料

增值税专用发票申请资料清单见表5–8。

表5–8 增值税专用发票申请资料清单

序号	所需资料	是否必备
1	企业营业执照复印件（加盖企业公章）	是
2	增值税开票信息（加盖企业公章）	是
3	纳税人资格证明文件（加盖单位公章）	是
4	经办人身份证复印件	是

四、话术指南

问：增值税专用发票适用哪些范围呢？

答：满足税务部门规定的一般纳税人条件，持有“增值税一般纳税人”税务登记证并结清电费的客户。

[注意]：根据国家税法的规定，企业经过国家税务局审核后，具备一般纳税人资格的，并且能够提供“增值税一般纳税人”税务登记证（副本）者，同时，不拖欠电费的用电客户，可以用普通电力发票换取增值税专用发票。对于已经具备一般纳税人资格的企业，通常在每年四月份还需要提供“增值税一般纳税人”的年审表，用以确认、备查。如已办理三证合一，无法提供税务登记证照时，可提供三证合一后新的营业执照原件和复印件，具体能否办理实际以营业厅答复为准。

五、依据来源

《国家电网有限公司“95598”知识库》。

第十节　开票信息变更

一、服务内容

客户因企业名称、地址、电话、银行及账号等信息变化，需要修改电费发票信息。

二、服务流程

本项服务流程由业务受理开始，经身份核实、发票信息维护 2 个环节，服务结束，如图 5-16 所示。

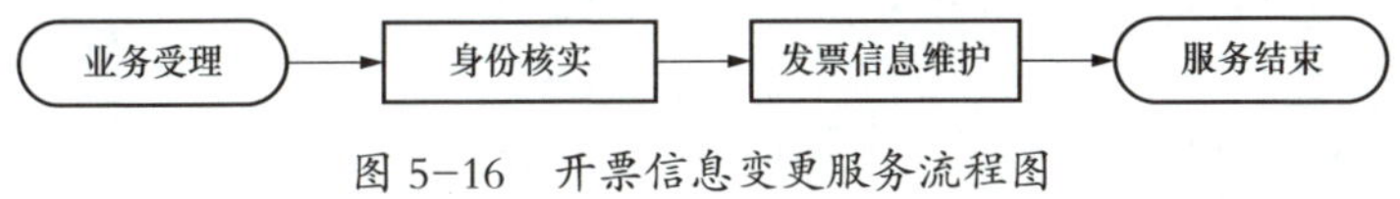

图 5-16　开票信息变更服务流程图

1. 业务受理

客户至供电营业厅提出开票信息变更申请。

2. 身份核实

客户需提供相应的身份证明（身份证、军人证、护照、户口簿、公安机关户籍证明、企业主体资格证明），企业营业执照复印件、增值税开票信息、纳税人资格证明文件，工作人员核实客户身份。

3. 发票信息维护

在确认客户身份后，为客户办理开票信息变更业务。

三、申请资料

开票信息变更申请资料清单见表 5-9。

表 5-9 开票信息变更申请资料清单

序号	所需资料	是否必备
1	企业营业执照复印件（加盖企业公章）	是
2	增值税开票信息（加盖企业公章）	是
3	纳税人资格证明文件（加盖单位公章）	是

四、话术指南

问：哪种情况可开具增值税专用发票？

答：根据国家税法的规定，企业经过国家税务局审核后，具备一般纳税人资格的，并且能够提供“增值税一般纳税人”税务登记证（副本）者，同时，不拖欠电费的用电客户，可开具增值税专用发票。

五、依据来源

《国家电网有限公司“95598”知识库》。

第十一节　账单服务

一、服务内容

客户需要了解电量电费详细信息，需要供电企业提供电费清单。

二、服务流程

本服务流程由业务受理开始，经身份核实、打印账单并交付2个环节，服务结束，如图5-17所示。

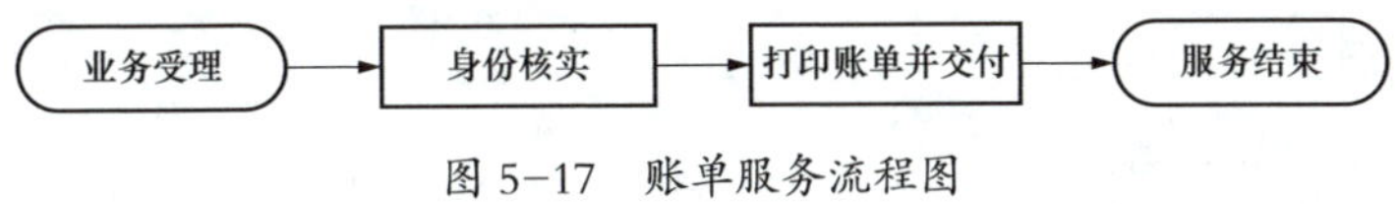

图5-17　账单服务流程图

1. 业务受理

客户至供电营业厅提出查看电费账单申请。

2. 核实身份

客户需提供相应的身份证明（身份证、军人证、护照、户口簿、公安机关户籍证明、企业主体资格证明），工作人员核实客户身份。

3. 打印账单并交付

在确认客户身份后，5min之内将电费清单打印并交付客户。

三、申请资料

账单服务申请资料清单见表5-10。

表5-10　账单服务申请资料清单

序号	资料名称	类型	是否必备
1	账单服务申请单	纸质	是

续表

序号	资料名称	类型	是否必备
2	用电主体身份证明，包括身份证、军人证、护照、户口簿、公安机关户籍证明、企业主体资格证明等	纸质	是

四、话术指南

（1）问：我觉得我们家（单位）本月电费有些多，会不会是算错了？

答：您好，请您提供您的用户编号或用电地址信息，我在系统上为您查询您本月的电费明细，如果有需要也可以为您打印电费清单。另外，您也可以通过登录“网上国网”手机 App 或“电 e 宝”手机 App 查询历史信息或订阅每月用电信息。

（2）问：打印电费清单需要提供哪些资料？

答：您好，需要提供相应身份证明，可以是：身份证、军人证、护照、户口簿、公安机关户籍证明、企业主体资格证明等。

（3）问：居民如何打印电费清单？

答：居民客户电费信息已完全在电费收据或发票中体现，无须打印电费清单。如确需打印的，提供身份证明材料或近期缴费凭证。

（4）问：电费账单可以作为报销凭证吗？

答：您好，电费清单打印在白纸上且不盖章，此清单只能作为核查用，不能作为报销的凭证（营业厅提供的可能是清单、核查票、电费明细、发票存根复印件等，具体以营业厅提供为准）。

五、依据来源

《国家电网有限公司“95598”知识库》。

第六章　市场化售电

一、售电公司业务办理

1. 服务内容

供电企业向不拥有配电运营权的售电公司提供接受代理用户用电报装、信息服务等业务。

2. 服务流程

（1）代理用户用电报装。售电公司可受用户委托代为办理用电报装业务。供电企业按现行流程、时限标准，对售电公司的签约用户提供用电报装服务。

（2）信息服务。供电企业通过供电营业厅、“95598”电话、“95598”网站、手机 App 等服务渠道向售电公司提供其签约用户的用户行业类别，联系方式，用电容量，电价、电量、电费信息，交费状况，计划检修及临时停电安排等信息。

二、直接交易用户业务办理

1. 服务内容

供电企业向电力直接交易用户提供各类供电服务的业务办理，包括用电报装、电费结算、信息服务三大类业务。

2. 服务流程

（1）用电报装。供电企业按现行的流程、时限标准向直接交易用户提供用电报装服务。

（2）电费结算。直接交易用户可通过国家电网有限公司供电营业厅、银行代收等多种渠道交纳电费。

（3）信息服务。直接交易用户可通过供电营业厅、“95598”电话、“95598”网站、手机 App 等服务渠道，自主查询供用电和电费结算信息，具体如下：

1）供用电信息：包括行业类别，联系方式，用电容量，日电量，日负荷，用电变更，计划检修及临时停电安排等。

2）电费结算信息：包括电价，计划电量，偏差电量，用电电费，偏差电费，以及电费交纳情况等。

三、市场化零售用户业务办理

1. 服务内容

供电企业向市场化零售用户提供各类供电服务的业务办理，包括用电报装、电费结算、信息服务三大类业务。

2. 服务流程

（1）用电报装。市场化零售用户可直接办理用电报装业务，也可委托其售电公司代为办理。供电企业按现行的流程、时限标准，对市场化零售用户提供用电报装服务。

（2）电费结算。市场化零售用户可通过国家电网有限公司供电营业厅、“电 e 宝”、缴费充值卡以及银行代收、支付宝、微信支付等各类渠道交纳电费。

（3）信息服务。市场化零售用户可通过供电营业厅、“95598”电话、“95598”网站、手机 App 等各类服务渠道，查询供用电和电费结算信息，具体如下：

1）供用电信息：包括行业类别，联系方式，用电容量，用电变更，计划检修及临时停电安排等。

2）电费结算信息：包括电量、电价、电费以及电费交纳情况等。

3. 客户申请需提供的资料

（1）售电公司营业执照、售电公司在交易平台通过公示文件。

（2）售电公司与用户签订的代理交易协议。

（3）办理各项业务所需提供的其他信息。

四、话术指南

（1）问：我们是不拥有配电运营权的售电公司，可以在供电企业办理相关业务吗？

答：您好！不拥有配电运营权的售电公司只要在电力交易机构完成市场注册并通过公示后，即可通过国家电网有限公司供电营业厅、“95598”网站、手机App等各类服务渠道办理代理用户用电报装、电费结算、“95598”故障报修、信息服务等业务。

（2）问：直接交易用户是指哪类用户？可以通过什么渠道办理相关供电服务业务？

答：您好！直接交易用户是指国家电网有限公司营业区内，已经办理用电手续，符合市场准入条件、列入各级政府目录，选择在交易机构注册参与市场直接交易的用户。直接交易用户可通过国家电网有限公司供电营业厅、“95598”网站、手机App等各类服务渠道办理用电报装、计量抄表、电费结算、“95598”电话及报修、信息服务五大类业务。

（3）问：用电报装主要包括哪些业务？

答：用电报装主要包括用户新装、增容、变更用电等。其中变更用电包括减容、暂停、改压、改类、暂换、迁址、移表、暂拆、更名过户、分户、并户、销户等。

（4）问：您能解释一下市场化零售用户的购电价格构成吗？

答：根据国家电价政策，市场化零售用户的购电价格由市场交易价格、输配电价（含线损和交叉补贴）、政府性基金三部分组成。其中，市场交易价格由市场化零售用户与其售电公司双方协商确定；输配电价（含线损和交叉补贴）、政府性基金由政府主管部门统一管理、发布。

五、依据来源

（1）国家电网营销〔2016〕795号《国家电网公司关于做好售电公司市场交易用户供电服务工作的通知》。

（2）国家电网营销〔2017〕445号《国家电网公司关于试点开展相关售电业务的工作意见》。

（3）办交易〔2018〕71号《国网办公厅转发国家发展改革委国家能源局关于积极推进电力市场化交易进一步完善交易机制的通知》。

第七章　分布式电源

第一节　分布式电源新装（增容）

一、自然人分布式电源新装（增容）

1. 服务内容

供电企业统一受理客户的分布式电源并网服务，为列入国家可再生能源补助目录的分布式电源项目提供补助电量计量和补助资金结算服务。

2. 服务流程

本服务流程由业务受理开始，经接入系统方案确定、工程实施、并网验收与调试和并网发电 4 个环节，服务结束，如图 7–1 所示。

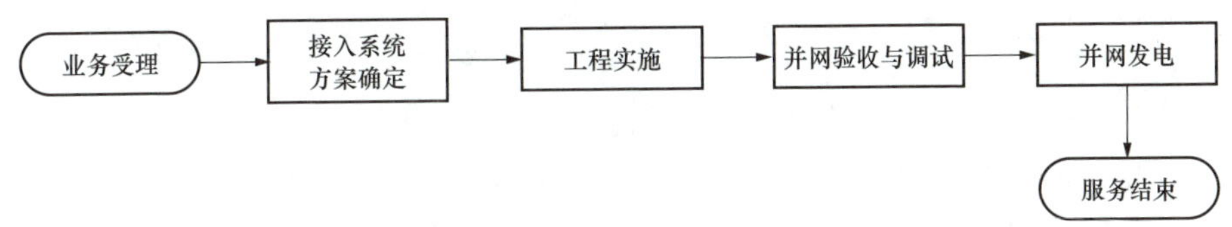

图 7–1　自然人分布式电源新装服务流程图

（1）业务受理。业务受理员实行“首问负责制”“一证受理”“一次性告知”“一站式服务”。对于有特殊需求的客户群体，提供办电预约上门服务。营业厅按照“谁受理、谁跟踪、谁回访”要求，对所受理的业务进行全程跟踪，在业务办结后进行回访。

1）受理临柜客户用电申请时，主动询问客户申请意图，向客户提供业务办理告知书，告知客户需提交的资料清单、业务办理流程、收费项目及标准、监督电话等信息。业务受理员接收并查验客户申请资料，协助客户填写“分布式电源并网申请表”（见表7–1），当日发起分布式电源新装业务流程，2h内将流程推至客户经理，客户经理在1个工作日内主动联系客户进行申请确认及服务预约。对于申请资料暂不齐全的客户，在收到其用电主体资格证明，正式受理并网申请并启动后续流程，业务受理员现场勘查时收齐申请资料。已有客户资料或资质证件尚在有效期内，则无须客户再次提供。

表7–1　　分布式电源并网申请表

项目编号		申请日期	年　月　日
项目名称			
项目地址			
项目类型	□光伏发电　□天然气三联供　□生物质发电　□风电 □地热发电　□海洋能发电　□资源综合利用发电（含煤矿瓦斯发电）		
项目投资方			
项目联系人		联系人电话	
联系人地址			
装机容量	投产规模　kW 本期规模　kW 终期规模　kW	意向并网电压等级	□ 35kV □ 10(含6、20)kV □ 380（含220）V □其他
发电量意向消纳方式	□自发自用 □自发自用余电上网 □全部上网	意向并网点	□个
计划开工时间		计划投产时间	
核准情况	□省级核准　□地市级核准　□省级备案　□地市级备案 □其 他		

续表

<table>
<tr><td>用电情况</td><td>年用电量（ kWh）
装接容量（ 万 kVA）</td><td>主要用电设备</td><td></td></tr>
<tr><td>业主提供资料清单</td><td colspan="3">一、自然人申请需提供：经办人身份证原件及复印件、户口本、房产证（或乡镇及以上级政府出具的房屋使用证明）项目合法性支持性文件。
二、法定代表人申请需提供：①经办人身份证原件及复印件和法定代表人委托书原件（或法定代表人身份证原件及复印件）；②企业法定代表人营业执照、土地证项目合法性支持性文件；③政府投资主管部门同意项目开展前期工作的批复（需核准项目）；④发电项目前期工作及接入系统设计所需资料；⑤用电电网相关资料（仅适用于大工业用户）</td></tr>
<tr><td colspan="2">本表中的信息及提供的文件真实准确，谨此确认。
申请单位：（公章）
申请个人：（经办人签字）
年 月 日</td><td colspan="2">客户提供的文件已审核，接入申请已受理，谨此确认。
受理单位：（公章）
年 月 日</td></tr>
<tr><td>受理人</td><td></td><td>受理日期</td><td>年 月 日</td></tr>
<tr><td colspan="4">告知事项：
1. 本表信息由客户提供，申请单位（个人用户经办人）与客户经理签章确认。
2. 用户工程报装申请与分布式电源接入申请分开受理。
3. 分布式电源接入系统方案制定应在用户接入系统方案审定后开展。
4. 合同能源管理项目、公共屋顶光伏项目，还需提供建筑物及设施使用或租用协议。
5. 年用电量：对于现有用户，为上一年度用电量；新报装用户，依据报装负荷折算。
6. 本表 1 式 2 份，双方各执 1 份</td></tr>
</table>

注 对于住宅小区居民使用公共区域建设分布式电源，需提供物业、业主委员会或居民委员会的同意建设证明。

2）收到客户“电 e 宝”手机 App、“95598”网站等电子渠道办电申请，业务受理员 1 个工作日内完成资料审核，并于当日将流程推送至客户经理，客户经理在 1 个工作日内主动联系客户进行申请确认及服务预约。对于申请资料暂不齐全的客户，按照“一证受理”要求办理，由客户经理在现场勘查时收资。

3）实行同一地区可跨营业厅受理办电申请。各级供电营业厅，均应受理各电压等级客户用电申请。同城异地营业厅应在 1 个工作日内将收集的客户报装资料传递至属地营业厅，实现“内转外不转”。

（2）接入系统方案确定。客户经理按照与客户约定的时间至现场勘查接入条件，并在 20 个工作日内答复接入系统方案。客户经理将接入系统方案传递至受理营业厅，营业厅业务受理员在 2h 内电话通知客户领取接入方案答复单，并可根据客户需求提供邮寄服务。

（3）工程实施。项目业主按照答复的接入系统方案进行工程实施。分布式电源接入系统工程由项目业主投资建设，由其接入引起的公共电网改造部分由供电公司投资建设。由用户出资建设的分布式电源及其接入系统工程，其设计单位、施工单位及设备材料供应单位由用户自主选择。承揽接入工程的施工单位应具备政府主管部门颁发的承装（修、试）电力设施许可证、建筑业企业资质证书和安全生产许可证。设备选型应符合国家与行业安全、节能、环保要求和标准。

（4）并网验收与调试。工程竣工后，客户需及时报验。在受理并网验收及并网调试申请后，10 个工作日内完成并网验收与调试。

（5）并网发电。与项目业主签署关于购售电、供用电和调度方面的合同，免费提供关口计量表和发电量计量用电能表，调试通过后直接转入并网运行。供电公司为自然人分布式光伏发电项目提供项目备案服务。业务办结后，业务受理员需在 3 个工作日内回访客户。

3. 申请资料

（1）分布式项目申请表。

（2）申请人身份证、户口本（代办时需提供代办人身份证复印件）。

（3）房产证或乡镇及以上政府出具的房屋使用证明。

（4）关联客户电费清单（全电量上网客户不需提供）。

（5）发电补贴发放账户信息（开户银行、开户名称、账号）。

（6）对于住宅小区居民使用公共区域建设分布式电源，需提供物业、业主委员会或居民委员会的同意建设证明。

4. 话术指南

（1）问：如何申请分布式光伏并网发电系统接入？

答：您好，分布式项目业主在准备好相应资料后向电网公司地市或县客户报务中心提交接入申请，客户服务中心协助项目业主填写接入申请表，接入申请受理后在电网公司承诺的时限内，客户服务中心将通知项目业主确认接入系统方案，项目建成后业主向客户服务中心提出并网验收和调试申请，电网企业将完成电能计量装置安装，购售电合同及调度协议签订，并网验收及调试工作，之后项目即可并网发电。

如果您是自然人用户，可以下载“光 e 宝”，点击“光伏并网”，并网申请、确认接入方案、并网验收及调试申请、合同签订等流程都可以在手机上完成，您还能查询进度，评价服务，操作十分简单。

（2）问：分布式系统申请接入是否需要费用？个人和企业申请分布式光伏并网系统各需要什么资料？

答：您好！电网公司在并网申请人受理、接入系统方案制定、接入系统工程设计审查、计量装置安装、合同和协议签订、并网验收和并网调试、政府补助计量和结算服务中，不收取任何费用。自然人和法定代表人申请分布式光伏发电并网分别需要如下资料：自然人申请需提供经办人身份证及复印件、户口本、房产证等项目合法支持性文件；法定代表人申请需提供经办人身份证及复印件和法定代表人受托书原件（或法定代表人身份证原件及复印件），企业法营业执照、土地证等项目合法性支持文件、政府投资主管部门同意项目开展前期工作的批复（需核准项目）、项目前期工作相关资料。

（3）问：电量消纳方式都有哪些？

答：您好，电量消纳方式有全部自用、自发自用余电上网和全部上网三种。

（4）问：自然人如何备案？

答：您好，供电公司为自然人分布式光伏发电项目提供项目备案服务。自然人分布式光伏发电项目业主直接向所在地供电公司申请，由供电公司负责集中代理自然人业主向区县级、市级能源主管部门逐级申请项目建设备案。

（5）问：分布式光伏项目上网电费和补贴电费如何计算？

答：您好，供电企业根据客户选择的并网类型，对分布式项目的全部发电量和上网电量分别进行计量结算。其中上网电费由供电企业给用户直接结算；补贴电费根据国家下达的补贴资金，供电企业代付给客户。

（6）问：如何选择分布式光伏并网系统的并网电压？

答：您好，分布式光伏系统并网电压主要由客户装机容量所决定，参考标准为：8kW 接入 220V；8~400kW 接入 380V；400kW~6MW 接入 10kV。

（7）问：如何决定家用光伏发电系统的装机容置？

答：您好，家用光伏发电系统装机容量的大小，取决于用电设备负载、屋顶的样式和屋顶的面积，并结合电网公司的批复意见，确定最佳安装容量，一般情况下平面屋顶安装量约为 70 W/m^2。

（8）问：如何估算分布式光伏并网系统的发电量？

答：您好，要估算光伏发电系统的发电量，需要知道系统安装当地的有效日照时间、系统效率和系统安装容量。也可向光伏系统安装商咨询，得到更为精确的发电量。

（9）问：分布式光伏发电系统并网后，怎么区分家里当前用的电量来自电网还是自己家的太阳电池组件？

答：您好，电网企业会在业主家里的光伏并网点和上网点各安装一块电能表，两块电能表会分别对光伏系统的发电量和电网企业供的电量进行独立计量，其中上网表的正向电量为供电企业所供电量，反向为光伏发电的电量。

（10）问：系统建好之后会由何单位去验收？验收时要关注哪些地方？

答：您好，验收时主要由电网企业组织开展，主要关注涉网部分电气设备的安装、建设和试验等内容是否符合国家标准。

（11）问：如果电网停电或发生其他故障，分布式能正常运行吗？

答：您好，电网停电后，分布式光伏发电系统一般都会退出运行，不能正常发电，但在某些极端情况下可能会出现孤岛现象，即电网停电后分布式发电系统仍然带着部分负荷继续运行。孤岛现象会影响检修人员人身安全，并存在损坏家用电器及电网设施的可能性，因此分布式系统必须具备防孤岛功能。

（12）问：在居住的单元楼顶安装光伏发电系统，除申请书外，还需要向供电企业提供哪些资料？

答：您好，目前物权问题是需要解决的重要问题，需提供其他业主、物业和居委会的同意证明（包括所在单元所有邻居的书面签字证明以及所在小区物业、业委会同意的证明），并由其所在社区居委会盖章。

5. 依据来源

（1）国家电网有限公司关于印发《国家电网有限公司供电服务奖惩规定》等17项通用制度的通知（国家电网企管〔2014〕1082号中的分布式电源并网服务管理规则）。

（2）国家电网发展〔2013〕625号《国家电网有限公司关于下发分布式电源接入系统典型设计的通知》。

（3）发改价格规〔2017〕2196号 国家发展改革委《关于2018年光伏发电项目价格政策的通知》。

（4）国能发新能〔2019〕49号 国家能源局《关于2019年风电、光伏发电项目建设有关事项的通知》。

二、非自然人分布式光伏

1. 服务内容

供电公司统一受理客户的分布式电源并网服务，为列入国家可再生能源补助目录的分布式电源项目提供补助电量计量和补助资金结算服务。

2. 服务流程

本服务流程由业务受理开始，经接入系统方案确定、设计文件审核、工程实施、并网验收与调试、并网发电 5 个环节，服务结束，如图 7–2 所示。

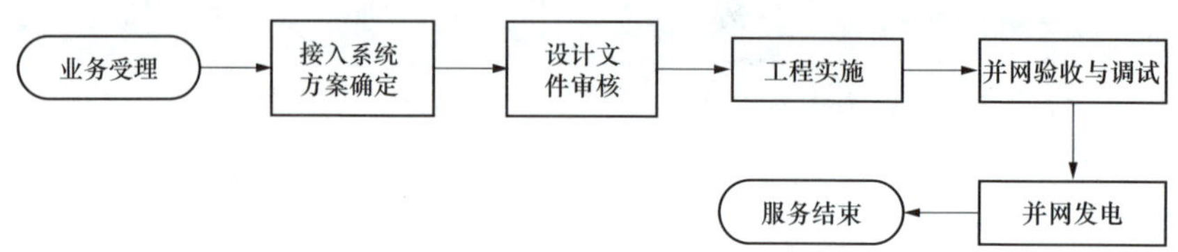

图 7–2　非自然人分布光伏服务流程图

（1）业务受理。业务受理员实行“首问负责制”“一证受理”“一次性告知”“一站式服务”。对于有特殊需求的客户群体，提供办电预约上门服务。营业厅按照“谁受理、谁跟踪、谁回访”要求，对所受理的业务进行全程跟踪，在业务办结后进行回访。

1）受理临柜客户用电申请时，主动询问客户申请意图，向客户提供业务办理告知书，告知客户需提交的资料清单、业务办理流程、收费项目及标准、监督电话等信息。业务受理员接收并查验客户申请资料，协助客户填写“分布式电源并网申请表”（见表 7–1），当日发起分布式电源新装业务流程，2h 内将流程推至客户经理，客户经理在 1 个工作日内主动联系客户进行申请确认及服务预约。对于申请资料暂不齐全的客户，在收到其用电主体资格证明，正式受理并网申请并启动后续流程，业务受理员现场勘查时收齐资料。已有客户资料或资质证件尚在有效期内，则无须客户再次提供。

2）收到客户“电 e 宝”手机 App、“95598”网站等电子渠道办电申请，业务受理员 1 个工作日内完成资料审核，并于当日将流程推送至客户经理，客户经理在 1 个工作日内主动联系客户进行申请确认及服务预约。对于申请资料暂不齐全的客户，按照“一证受理”要求办理，由客户经理在现场勘查时收资。

3）实行同一地区可跨营业厅受理办电申请。各级供电营业厅，均应受理各电压等级客户用电申请。同城异地营业厅应在 1 个工作日内将收集的客户报装资料传递至属地营业厅，实现“内转外不转”。

（2）接入系统方案确定。客户经理按照与客户约定的时间至现场勘查接入条件，并在规定期限内答复接入系统方案：受理接入申请后，10kV 及以下电压等级接入，且单个并网点总装机容量不超过 6MW 的分布式电源项目不超过 40 个工作日（其中分布式光伏发电单点并网项目 10 个工作日，多点并网项目 20 个工作日）；10kV 电压等级接入且单个并网点总装机容量超过 6MW、年自发自用电量大于 50% 的分布式电源项目不超过 60 个工作日；35kV 电压等级接入、年自发自用电量大于 50% 的分布式电源项目不超过 60 个工作日。客户经理将接入系统方案传递至受理营业厅，营业厅业务受理员在 2h 内电话通知客户领取接入方案答复单，并可根据客户需求提供邮寄服务。

（3）设计文件审核。项目业主自行委托具备资质的设计单位，按照答复的接入系统方案开展工程设计。供电公司在受理客户设计审查申请后，依照国家、行业标准以及批复的接入系统方案对设计文件进行审查，并出具审查意见告知项目业主，项目业主根据答复意见开展接入系统工程建设等后续工作。因客户自身原因需要变更设计的，应将变更后的设计文件提交供电公司，审查通过后方可实施。分布式电源项目受理设计文件审查申请后，10 个工作日内完成设计审核及答复。

（4）工程实施。项目业主按照答复的接入系统方案进行工程实施。分布式电源接入系统工程由项目业主投资建设，由其接入引起的公共电网改造部分由供电公司投资建设。由用户出资建设的分布式电源及其接入系统工程，其设计单位、施工单位及设备材料供应单位由用户自主选择。承揽接入工程的施工单位应具备政府主管部门颁发的承装（修、试）电力设施许可证、建筑业企业资质证书、安全生产许可证。设备选型应符合国家与行业安全、节能、环保要求和标准。

（5）并网验收与调试。工程竣工后，客户需及时报验。分布式电源项目受理并网验收及并网调试申请后，需在 10 个工作日内完成关口计量和发电量计量装置安装服务。

（6）并网发电。分布式电源项目在电能计量装置安装、合同和协议签署完毕后，10 个工作日内组织并网验收及并网调试。业务办结后，业务受理员在 3 个工作日内回访客户。

3. 申请资料

（1）分布式项目申请表。

（2）经办人身份证原件及复印件和法定代表人委托书原件（或法定代表人身份证原件及复印件）。

（3）企事业单位营业执照、土地证等项目合法性文件。

（4）如申请户名与土地证明不为同一单位时，需提供场地租赁合同。

（5）政府发展改革委员会同意项目发展的备案文件。

（6）发电项目前期工作及接入系统设计所需资料。

（7）用户内部电气接线图（仅适用于大工业用户）。

（8）关联客户电费清单（全电量上网客户不需提供）。

4. 话术指南

（1）问：非自然人如何进行项目建设备案？

答： 您好，项目建设初期，项目主体需向所在地区县级能源主管部门申请项目建设文件（需提交项目可行性研究报告），项目主体需将建设备案批复文件提交至市级能源主管部门进行备案，并由市级能源主管部门在“非自然人分布式光伏发电项目建设备案登记表”上盖章确认。县级供电部门收到同级能源主管部门的项目建设批复后，方可受理项目并网接入及验收等工作。

（2）问：备案过的项目还能够申请变更吗？怎么变更？

答：您好，备案过的项目一般情况下不能随意变更。如果项目实施过程中遇到特殊情况，必须变更原方案，则必须按照当初的申报程序，申请方案变更。

（3）问：如何取得当地的太阳能资源数据？

答：您好，如何想得到更详细的太阳能资源数据，可以从县级气象台（站）、国家气象局公共气象服务中心取得，也可以从 NASA 官方网站获得辐照量参考数据。

（4）在设计审查环节还需要提供哪些材料？

答：您好，在设计审查环节您还需要提供表 7–2 所示的材料。

表 7–2 设计审查资料清单

序号	资料名称	380V 项目	10kV 逆变器类项目	35kV 项目、10kV 旋转电动机类项目
1	若需核准（或备案），提供核准（或备案）文件	√	√	√
2	若委托第三方管理，提供项目管理方资料（工商营业执照、税务登记证、与用户签署的合作协议复印件）	√	√	√
3	项目可行性研究报告		√	√
4	设计单位资质复印件	√	√	√
5	接入工程初步设计报告、图纸及说明书	√	√	√

续表

序号	资料名称	380V项目	10kV逆变器类项目	35kV项目、10kV旋转电动机类项目
6	隐蔽工程设计资料		√	√
7	高压电气装置一、二次接线图及平面布置图		√	√
8	主要电气设备一览表	√	√	√
9	继电保护方式	√	√	√
10	电能计量方式	√	√	√
11	项目建设进度计划	√	√	√

注 “√”为必备资料。

（5）问：在分布式电源并网调试和验收时，还需提供哪些材料？

答：您好！在分布式电源并网调试和验收时，还需提供表7–3所示的材料。

表7–3　分布式电源并网调试和验收需提供的材料清单

序号	资料名称	380V项目	10kV逆变器类项目	35kV项目、10kV旋转电机类项目
1	施工单位资质复印件［承装（修、试）电力设施许可证、建筑企业资质证书、安全生产许可证）］	√	√	√
2	主要设备技术参数、形式认证报告或质检证书，包括发电、逆变器、变电、断路器刀闸等设备	√	√	√
3	并网前单位工程调试报告（记录）	√	√	√
4	并网前单位工程验收报告（记录）	√	√	√

序号	资料名称	380V 项目	10kV 逆变器类项目	35kV 项目、10kV 旋转电机类项目
5	并网前设备电气试验、继电保护整定、通信联调、电能量信息采集调试记录	√	√	√
6	并网启动调试方案			√
7	项目运行人员名单（及专业资质证书复印件）			√

注 1. 光伏电池、逆变器等设备，需取得国家授权的有资质的检测机构检测报告。
2. “√” 为必备资料。

5. 依据来源

（1）国家电网有限公司关于印发《国家电网有限公司供电服务奖惩规定》等 17 项通用制度的通知 (国家电网企管〔2014〕1082 号中的分布式电源并网服务管理规则)。

（2）国家电网发展〔2013〕625 号《国家电网有限公司关于下发分布式电源接入系统典型设计的通知》。

（3）发改价格规〔2017〕2196 号《国家发展改革委〈关于 2018 年光伏发电项目价格政策的通知〉》。

第二节 光伏补贴

一、服务内容

客户要求供电企业按照结算周期及时支付补贴资金。

二、服务流程

本服务流程由业务受理开始，经分布式光伏发电抄表、光伏补贴支付2个环节，服务结束，如图7-3所示。

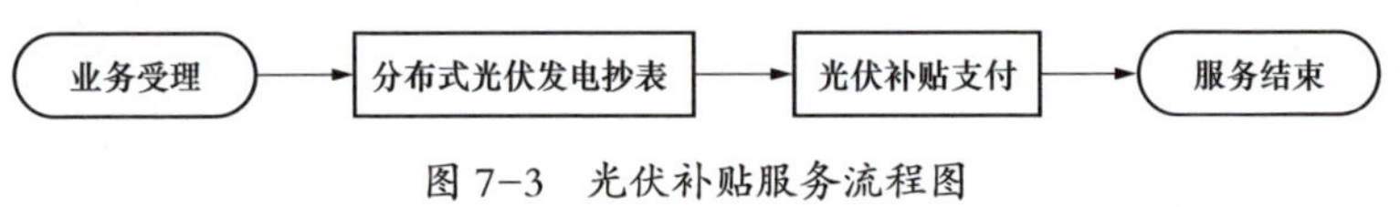

图7-3 光伏补贴服务流程图

1. 业务受理

供电营业厅业务受理员收到临柜客户光伏补贴咨询或支付政府光伏申请，业务受理员收集分布式光伏客户的发展改革委员会备案文件、营业执照、开户行证明、银行账号和身份证（自然人）等信息，并检查客户提供资料完整性及合规性，将客户资料传递至地市公司营销部。

2. 分布式光伏发电抄表

地市公司营销部每月第一周，将分布式光伏客户的电费核算后，通过营销系统推送至财务部。

3. 光伏补贴支付

光伏项目补贴由省政府将补贴资金拨至省公司，省公司再将资金下放至各地市公司，地市公司财务部财务人员于每月电费发行日，根据客户电费和补贴金额，在补贴支付日将钱款打到客户提供的固定银行账号实施光伏补贴。

跟踪反馈：业务受理员通过电话和短信的方式向客户反馈业务办理进度情况，确认支付到账情况，并做好相应记录。

三、所需资料

（1）身份证扫描件。

（2）开户银行信息。

（3）账号信息。

四、话术指南

（1）问：分布式光伏发电上网电价及补贴标准？

答：1）“全额上网”分布式光伏项目。①非自然人项目：2018 年 6 月 1 日及以后投运的，电价执行火电标杆上网电价，榆林 0.3345 元 /kWh，其他地区 0.3545 元 /kWh；②自然人项目：2018 年 5 月 31 日（含）之前已备案、开工建设，且在 2018 年 6 月 30 日（含）之前并网投运项目，执行电价，Ⅱ类（陕西榆林、延安）0.75 元 /kWh、Ⅲ类（陕西除榆林、延安以外的其他地区）0.85 元 /kWh；2018 年 6 月 1 日及以后投运的，电价执行火电标杆上网电价，榆林 0.3345 元 /kWh，其他地区 0.3545 元 /kWh。

2）“自发自用、余电上网”模式的分布式光伏发电项目。①非自然人项目：2018 年 6 月 1 日及以后投运的，暂无补贴；②自然人项目：2018 年 5 月 31 日（含）之前已备案、开工建设，且在 2018 年 6 月 30 日（含）之前并网投运项目，执行 0.37 元 /kWh（含税）的分布式光伏补贴标准。其他 2018 年 6 月 1 日及以后投运的项目，暂无补贴。

3）符合国家政策的村级光伏扶贫电站（0.5MW 及以下），即Ⅱ类（陕西榆林、延安）0.75 元 /kWh、Ⅲ类（陕西除榆林、延安以外的其他地区）0.85 元 /kWh（含税），户用分布式光伏扶贫项目电度补贴标准仍为 0.42 元 /kWh。

（2）问：分布式光伏发电补贴政策？

答： 电网公司按照目前国家有关政策，暂时只支付上网电费，待后期您的项目列入国家补贴目录名单中，我们会及时转付国家补贴，同时对之前的补贴进行补付。

（3）问：分布式电源并网结算方式？

答： 分布式电源发电量可以全部自用、自发自用余电上网或者全部上网，由用户自行选择，用户不足电量由电网提供，上、下网电量分开结算，供电公司按国家规定的电价标准全额保障性收购上网电量，为享受国家补贴的分布式电源提供补贴计量和结算服务。分布式光伏发电系统自发自用余电上网的电量，由电网企业按照当地燃煤机组标杆上网电价收购（目前执行 0.3545 元 /kWh，榆林地区 0.3345 元 /kWh）（含脱硫脱硝除尘且含税）；“全额上网”模式的分布式光伏发电项目，上网电价执行当地光伏电站标杆上网电价。

（4）问：分布式光伏发电开具发票原则？

答： 按照税法规定，应缴纳增值税的，可由国家电网有限公司所属企业按照增值税简易计税办法计算并代征增值税税款，同时开具普通发票；按照税法规定，可享受免增值税政策的，可由国家电网有限公司所属企业直接开具普通发票。

（5）问：电量不足以自用，或发电量自用后有富余是否可以上网？

答： 分布式电源发电量可以全部自用或自发自用余电上网，由用户自行选择，用户不足电量由电网提供；上、下网电量分开结算，各级供电公司按国家规定的电价标准全额保障性收购上网电量，为享受国家补贴的分布式电源提供补贴计量和结算服务。

（6）哪些分布式电源的发电项目有电价补贴？

答： 目前国家只针对分布式光伏发电项目有电价补贴政策。

（7）目前对分布式光伏发电电价补贴期限是如何规定的？

答：原则上是 20 年。

（8）对于采用“自发自用余电上网”模式未直抄到户的业主投资分布式电源并网服务后，分布式电源的补贴如何结算？

答：分布式电源的补贴费用＝分布式电源表计的总发电量 × 补贴单价。

（9）“自发自用”电量和“余电上网”电量的补贴标准相同吗？

答：目前国家政策对分布式光伏发电采取“度电补贴”的方式，即对光伏系统的全部发电量都进行补贴，所以无论是以“自发自用”还是“余电上网”方式所发的电量均按同一标准补贴。

五、依据来源

（1）发改能源〔2018〕823 号《国家发展改革委 财政部 国家能源局关于 2018 年光伏发电有关事项的通知》。

（2）发改价格〔2013〕1638 号《国家发展改革委关于发挥价格杠杆作用　促进光伏产业健康发展的通知》。

（3）国能发新能〔2019〕49 号 国家能源局《关于 2019 年风电、光伏发电项目建设有关事项的通知》。

第三节　光伏扶贫业务

一、服务内容

光伏扶贫主要是在住房屋顶和农业大棚上铺设太阳能电池板，基于“自发自用、余电上网”原则。也就是说，农民可以自己使用这些电能，并将多余的电量卖给国家电网，通过分布式太阳能发电，每户人家都将成为微型太阳能电站。

光伏扶贫作为国务院扶贫办2015年确定实施的“十大精准扶贫工程”之一，充分利用了贫困地区太阳能资源丰富的优势，通过开发太阳能资源、连续25年产生的稳定收益，实现了扶贫开发和新能源利用、节能减排相结合。国家政策规定只有列入国家级光伏扶贫目录的项目才可享受光伏扶贫优惠政策。

二、服务流程

光伏扶贫业务服务流程由自愿申请开始，经申请审查、现场勘查、施工及并网和竣工验收4个环节，服务结束，如图7-4所示。

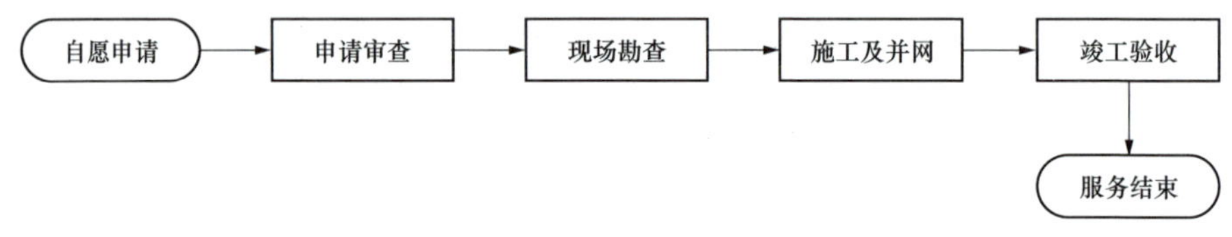

图7-4　光伏扶贫业务服务流程图

1. 自愿申请

各乡镇以行政村为单位组织帮扶干部入户摸底调查，填写申请表，需要银行贷款的安装户同时应填写银行贷款申请表。

2. 申请审查

各乡镇村组织人员完成申表对象资格初审，初审内容包括：①是否为建档贫困户；②是否具备项目实施条件；③是否具备基本的设备管护能力等情况，并如实详细记录，确保拟建户具备实施基本条件。

3. 现场勘查

安装企业确定意向安装用户后，第一时间向供电公司提交现场踏勘资料，供电公司应于 5 个工作日内安排企业现场踏勘，准确了解用户房屋面积、光照条件和电网路线等是否满足安装条件，并与安装户签订合同。

4. 施工及并网

由安装企业按合同进行设备安装及其他事项。设备安装完成后，提出并网验收申请，供电公司收到申请后与安装户签订《并网发电合同》，并安装计量表，按国家有关规定组织并网验收。

5. 竣工验收

安装完向乡镇提出竣工验收申请，验收小组统一对光伏发电系统安装运营情况进行逐户验收。

三、所需资料

光伏服务业务申请资料清单见表 7–4。

表 7–4　光伏服务业务申请资料清单

序号	资料名称	个人	单位
1	办理人的身份证原件及复印件	√	√
2	营业执照原件及复印件		√
3	委托书原件及复印件		√
4	法定代表人身份证号		√

注 “√”为必备资料。

四、话术指南

（1）问：光伏扶贫的方式有哪些？

答：①结合危房改造，异地搬迁等，直接在贫困户屋顶建设时建设光伏电站；②在贫困户屋顶、房前屋后地面分户建设；③在贫困村内集中选址建设小规模分布式光伏电站，贫困户参与分成；④与现代农业设施结合，如观光农业、光伏农业大棚等；⑤在贫困地区建设大型地面电站。

（2）问：我是 ×× 村的贫困户，现在看到好多人家都安装了光伏发电并且收益，请问我家通过哪些程序可以安装光伏发电，并且享受光伏扶贫政策？

答：并非所有的贫困户都能享受光伏扶贫政策，只有列入国家扶贫项目才可以，且优先扶持深度贫困地区和弱劳动能力贫困人口。符合条件的贫困户可向乡镇村组织提出申请，完成申表对象资格初审后，向供电企业提交申请，经现场勘踏、施工及并网、竣工验收后，正式投入运营，享受国家光伏扶贫政策优惠。

（3）问：那光伏扶贫电费收入怎么结算？

答：光伏扶贫项目投入运营后，由电力部门负责电费结算，按照与客户协定的结算周期，向客户指定的账户转账。

五、依据来源

国家发展改革委、国务院扶贫办公室、国家能源局、国家开发银行、中国农业发展银行以发改能源〔2016〕621 号印发《关于实施光伏发电扶贫工作的意见》。

第八章 综合能源

第一节 电能替代业务

一、服务内容

电网企业向客户提供电能替代政策技术咨询、经济性分析、方案设计、电网配套建设、项目建设运营等服务。

二、服务流程

本服务流程由潜力调研开始，经项目储务、跟踪实施、运行评估、总结提升 4 个环节，服务结束，如图 8-1 所示。

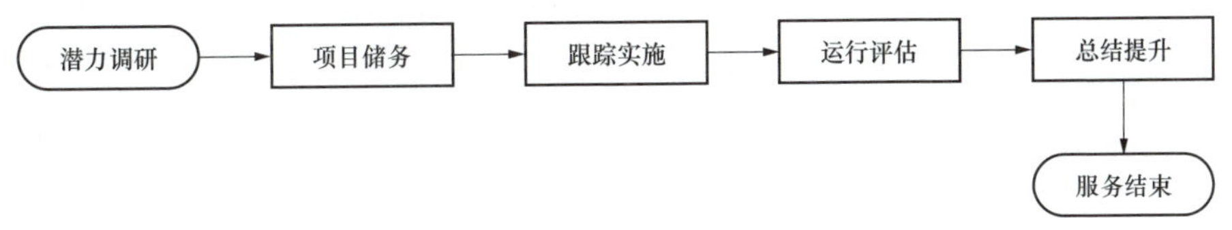

图 8-1 电能替代业务服务流程图

1. 潜力调研

发挥营销各专业服务客户、贴近客户、了解客户的优势，主动对接政府、设计单位，多渠道搜集、掌握客户电能替代需求及潜力空间。

通过不同渠道潜力调研形成的潜力项目，系统通过用户编号、用户名称、用电地址、客户联系人姓名、联系人电话等信息进行模糊匹配，对可能的重复项目进行提示，并由人工进行甄别，合并相同的潜力项目。

作为工作主体的客户经理，主要是指政企客户经理、城乡网格化经理、乡镇台区经理、营业厅电管家等前端推广团队。

（1）业扩报装渠道。在业扩报装环节中发掘新装及增容客户的电能替代潜力。由客户经理发起调查，对客户业扩增容项目打标签，形成电子工单，负责现场勘查的班组班长将电子工单分派给班员，进行现场勘查，班长对勘查结果进行审核，具备实施可行性的项目审核完成后进入电能替代潜力项目库。

（2）用电检查周期巡检渠道。在用电检查周期巡检（现场服务）环节中发掘存量客户的电能替代潜力。用电检查人员在用户现场检查时可根据用户需求发起电能替代潜力的现场勘查，可现场利用掌上移动作业工具发起电子工单，也可后续补齐电子工单，由用电检查班长对勘查后的潜力分析报告进行审核，具备实施可行性的项目进入电能替代潜力项目库。

（3）政府重大项目及专项行动渠道。利用公司发展部门常态对接政府有关地区发展重大项目用电需求的契机，及时在地方政府重大项目清单、专项行动及政策、政务平台中发掘电能替代潜力。电能替代专责对接发展部门，根据重大项目清单及专项行动确定涉及的重点客户，制订调研计划，将调研计划派给负责现场勘查的班组班长，班长将调研计划分解为电子工单，并将电子工单分派给班员，进行现场勘查，班长对勘查后的潜力分析报告进行审核，具备实施可行性的项目进入电能替代潜力项目库。

（4）建筑规划设计单位渠道。营销部主任等主要领导周期性对接建筑规划设计等单位，获取新建建筑开发信息，提前布局，挖掘电能替代潜力。电能替代专责根据获取的新建建筑开发信息，制定调研计划并派给负责现场勘查的班组班长，班长将调研计划分解为电子工单，并将电子工单分派给班员，进行现场勘查，班长对勘查后的潜力分析报告进行审核，具备实施可行性的项目进入电能替代潜力项目库。

（5）专项调研渠道。根据实际工作需要，营销部针对特定客户、特定行业进行电能替代专项调研，发掘客户的电能替代潜力。电能替代专责制定调研计划并派给负责现场勘查的班组班长，班长将调研计划分解为电子工单，并将电子工单分派给班员，进行现场勘查，班长对勘查后的潜力分析报告进行审核，具备实施可行性的项目进入电能替代潜力项目库。

（6）存量客户大数据分析渠道。电能替代专责应用大数据模型和算法，对存量客户分地区、分行业、分领域进行电能替代潜力分析，并按潜力大小分地区、分行业、分领域排序，形成重点客户清单，制定调研计划。电能替代专责将调研计划派给负责现场勘查的班组班长，班长将调研计划分解为电子工单，并将电子工单分派给班员，进行现场勘查，班长对勘查后的潜力分析报告进行审核，具备实施可行性的项目进入电能替代潜力项目库。

（7）客户咨询渠道。营业厅客服人员、“95598”客服经理根据客户在供电公司营业厅、电话以及其他方式咨询用能方式、用能设备、电能替代相关技术及业务的过程中，将获取的客户电能替代潜力信息告知电能替代专责，由电能替代专责发起电子工单，并将电子工单派给班长，班长将电子工单分派给班员，进行现场勘查，班长对勘查后的潜力分析报告进行审核，具备实施可行性的项目进入电能替代潜力项目库。

（8）厂商推荐渠道。通过系统内外部技术服务、设备制造等电能替代相关厂商主动告知、推荐的客户项目，发掘电能替代潜力。电能替代专责根据厂商推荐信息制定调研计划，并派给负责现场勘查的班组班长，班长将调研计划分解为电子工单，并将电子工单分派给班员，进行现场勘查，班长对勘查后的潜力分析报告进行审核，具备实施可行性的项目进入电能替代潜力项目库。

（9）其他渠道。通过其他途径挖掘的电能替代潜力。电能替代专责根据其他渠道信息制定调研计划，并派给负责现场勘查的班组班长，班长将调研计划分解为电子工单，并将电子工单分派给班员，进行现场勘查，班长对勘查后的潜力分析报告进行审核，具备实施可行性的项目进入电能替代潜力项目库。

2. 项目储务

对9个潜力渠道形成的潜力项目库中的项目开展动态跟踪，通过与客户和支撑单位沟通项目方案，以确定项目的技术可行性、环保可行性、经济可行性和用户实施意愿。负责项目储备的班组班长，将跟踪潜力库项目的电子工单分派给班员，与客户、支撑单位沟通，必要时再次进行现场勘查，制定项目建议方案，经班长审核后将客户有实施意愿且技术、经济、环保可行的项目纳入电能替代储备项目库。

客户经理通过与客户进行沟通，了解相关设备情况及数据，制定项目的初步方案；同时应根据项目的具体类别，对涉及电能替代专用计量装置安装的用户进行现场勘查，提醒客户提前做好计量装置安装的相关准备工作。

作为工作主体的客户经理，主要是指政企客户经理、城乡网格化经理、乡镇台区经理、营业厅电管家等前端推广团队。

3. 跟踪实施

电能替代专责根据储备项目库制定跟踪实施计划，并派给负责市场开拓的班组班长。班长将将跟踪实施计划分解为电子工单，并分配电子工单到班员，进行项目跟踪实施。班员可将综合能源公司等公司内部单位推荐给客户，对于公司内部单位实施的项目，班员配合内部单位与客户确认合作意向。班员负责跟踪项目实施进度，并在电子工单中定期更新实施的过程图片、事件等进度信息，由班长进行定期审核。项目实施完成后，电能替代专责跟踪项目运行情况，并选择合适时间启动项目电量统计。电量统计期间，电能替代专责要根据信息系统的电量核查情况，及时修正相关问题。

作为工作主体的客户经理，主要是指政企客户经理、城乡网格化经理、乡镇台区经理、营业厅电管家等前端推广团队。

4. 运行评估

电能替代专责开展项目运行评估并发布评估结果，主要包括项目效益评估和项目管理评估。在电能替代项目建设结束后，从项目替代电量纳入统计之日起 3 个月后，自动触发项目运行评估流程。项目效益评估由电能替代专责组织综合能源公司等支撑单位，依据评估指标进行处理；项目管理评估，由电能替代专责依据评估指标直接进行评估。运行评估结束后，电能替代专责对评估结果进行汇总审核并发布评估报告。

5. 总结提升

电能替代专责根据项目运行评估结果，结合项目实施的典型性、先进新、示范性等实际情况，判断是否发起总结提升流程。总结提升是指分层级、分技术、分领域对项目在技术创新、推广经验、商业模式等方面的典型做法与经验进行总结提炼，并通过典型案例对不同类型的典型做法进行呈现，形成技术创新、推广经验、商业模式等方面典型案例和典型经验，供各单位查询借鉴。每个区（县）公司，由电能替代专责筛选 5~10 个典型案例、典型经验，由区（县）公司营销分管主任审批后报送市公司。每个市公司，由电能替代专责筛选 10 个典型案例、典型经验，由市公司营销分管主任审批后报送省公司。每个省公司，由电能替代专责筛选 20 个典型案例、典型经验，由省公司营销分管主任审批后报送国家电网有限公司。国家电网有限公司每年评选 100 个国家电网有限公司电能替代典型案例、典型经验进行发布。

三、客户申请需提供的资料

见业务表单中《电能替代项目方案建议表》所需内容。

四、话术指南

1. 电能替代出处在哪里，启始是哪一年？

答：《全球能源互联网》一书中提出，当前，化石能源大规模开发利用，导致资源紧缺，环境污染、气候变化等诸多全球性难题，人类社会发展面临着日益严峻的化石能源困局。破解之策就是要大规模实施‘两个替代’，即在能源开发商实施清洁能源替代，在能源消费上实施清洁能源替代，在能源消费上实施电能替代，从根本上解决制约人类社会可持续发展的能源环境和气候变化等问题。电能替代启始年是2013年。

2. 什么是电能替代？

答：电能替代是指在能源消费上，以电能替代煤炭、石油等化石能源的直接消费，提高电能在终端能源中的比重，重点是“以电代煤，以电代油，电从远方来，来的是清洁电”。

3. 什么是清洁替代？

答：清洁替代是指在能源开发上，以太阳能、风能、水能等清洁能源替代化石能源，从根本上解决人力能源供应面临的资源约束和环境约束问题，实现能源可持续发展。

4. 电能替代有哪些领域，哪些技术？

答：目前电能替代有清洁取暖、工（农）业生产制造、交通运输、电力供应与消费、家庭电气化五大领域。有分散电采暖、电(蓄)热锅炉、热泵、工业电锅炉、建材电窑炉、冶金电炉、辅助电动力、矿山采选、农业电排灌、农业辅助生产、农产品加工、电动车、轨道交通、港口岸电、机场桥载APU替代、燃煤自备电厂、地方电厂替代、油田钻机油改电、油气管线电力加压、电（蓄）冷空调、大型公共建筑热泵、家庭电气化21种技术。

5. 结合实例说明一次能源和二次能源的特点。

答：从自然界可以直接获取的能源称为一次能源，如：化石能源、风能、太阳能、地热能及核能；二次能源是无法从自然界直接获取，必须通过一次能源的消耗才能得到，如电能。

6. 影响能源供需的主要因素有哪些？

答：影响能源供需的主要因素有：①经济社会发展；②能源资源禀赋；③能源环境约束；④能源技术进步；⑤能源政策调控。

7. 简述清洁替代的必要性。

答：全球清洁能源资源丰富，实施清洁替代，能够从源头上有效化解化石资源紧缺矛盾，保障人类日益增长的能源需求；实施清洁替代，可减少碳排放，缓解化石能源开发利用引发的全球气候变化，实现人类社会可持续发展。

8. 简述电能替代的重点。

答：实施电能替代将全方位调整能源消费格局，重点任务是推进“以电代煤、以电代油、电从远方来、来的是清洁电”的电能替代战略。

9. 简述电能替代与能源革命的关系。

答：电能替代是实现终端能源高效化、低碳化的必然要求；电能替代是解决能源环境问题的有效途径；电能替代前景广阔。

10. 简述电能替代战略。

答：电能替代战略就是“以电代煤、以电代油、电从远方来、来的是清洁电”，把工业锅炉、居民取暖厨炊等用煤改为用电，减少直燃煤排放；大力发展电动汽车、电气化轨道交通、农业电力灌溉等，减少燃油排放；以输电替代输煤，通过特高压电网，把我国西部、北部富余电力大规模输送到东中部负荷中心，减少东中部污染排放，把周边国家的电力大规模输入我国，减少国内污染排放；我国能源在开发环节将逐步以清洁能源为主，在配置环节将逐步以输电为主，在终端环节将逐步以电力消费为主，实现从化石能源为主向清洁能源为主的全面转型。

11. 简述电能替代战略的意义。

答：实施电能替代是保证能源安全的重大举措；实施电能替代是防治大气污染的重要手段。

12. 简述推进电能替代的重要意义。

答：电能替代是在终端能源消费环节，使用电能替代散烧煤、燃油的能源消费方式，如电采暖、地能热泵、工业电锅炉（窑炉）、农业电排灌、电动汽车、靠港船舶使用岸电、机场桥载设备、电蓄能调峰等。当前，我国电煤比重与电气化水平偏低，大量的散烧煤与燃油消费造成严重雾霾的主要因素之一。电能具有清洁、安全、便捷等优势，实施电能替代对于推动能源消费革命、落实国家能源战略、促进能源清洁化发展意义重大，是提高电煤比重、控制煤炭消费总量、减少大气污染的重要举措。稳步推进电能替代，有利于构建层次更高、范围更广的新型电力消费市场，扩大电力消费，提升我国电气化水平，提高人民群众生活质量。同时，带动相关设备制造行业发展，拓展新的经济增长点。

13. 简述实施电能替代的基本原则。

答：（1）坚持改革创新。结合电力体制改革，完善电力市场化交易机制，还原电力商品属性。创新电能替代技术路线，加快电能替代关键设备研发，促进技术装备能效水平显著提升，应用范围进一步扩大。

（2）坚持规划引领。统筹能源资源开发利用、大气污染防治和经济社会可持续发展，合理规划电能替代，引导电能替代健康发展。科学制订电力发展规划，主要通过可再生能源和现有火电满足电能替代新增电量需求。

（3）坚持市场运作。鼓励社会资本投入，探索多方共赢的市场化项目运作模式。引导社会力量积极参与电能替代技术、业态和运营等创新，发挥市场在资源配置中的决定性作用。

（4）坚持有序推进。结合各地区生态环境达标要求、能源消费结构和用能需求特性等，因地制宜、稳步有序地推进经济性好、节能减排效益佳的电能替代示范试点项目，带动推广实施电能替代。

14. 结合实例说明实施电能替代的主要领域，如何推进电能替代？

答：电能替代方式多样，涉及居民采暖、工业与农业生产、交通运输、电力供应与消费等众多领域，以分布式应用为主。应综合考虑地区潜力空间、节能环保效益、财政支持能力、电力体制改革和电力市场交易等因素，根据替代方式的技术经济特点，因地制宜，分类推进。

15. 结合实例说明推行电能替代在居民采暖领域的重点工作？

答：在存在采暖刚性需求的北方地区和有采暖需求的长江沿线地区，重点对燃气(热力)管网覆盖范围以外的学校、商场、办公楼等热负荷不连续的公共建筑，大力推广碳晶、石墨烯发热器件、发热电缆、电热膜等分散电。

采暖替代燃煤采暖；在燃气(热力)管网无法达到的老旧城区、城乡接合部或生态要求较高区域的居民住宅，推广蓄热式电锅炉、热泵、分散电采暖；在农村地区，以京津冀及周边地区为重点，逐步推进散煤清洁化替代工作，大力推广以电代煤；在新能源富集地区，利用低谷富余电力，实施蓄能供暖。

16. 结合实例说明推行电能替代在生产制造领域的重点工作？

答：在生产工艺需要热水(蒸汽)的各类行业，逐步推进蓄热式与直热式工业电锅炉应用；重点在上海、江苏、浙江、福建等地区的服装纺织、木材加工、水产养殖与加工等行业，试点蓄热式工业电锅炉替代集中供热管网覆盖范围以外的燃煤锅炉；在金属加工、铸造、陶瓷、岩棉、微晶玻璃等行业，在有条件地区推广电窑炉；在采矿、食品加工等企业生产过程中的物料运输环节，推广电驱动皮带传输；在浙江、福建、安徽、湖南、海南等地区，推广电制茶、电烤烟、电烤槟榔等；在黑龙江、吉林、山东、河南等农业大省，结合高标准农田建设和推广农业节水灌溉等工作，加快推进机井通电。

17. 结合实例说明推行电能替代在交通运输领域的重点工作？

答： 支持电动汽车充换电基础设施建设，推动电动汽车普及应用；在沿海、沿江、沿河港口码头，推广靠港船舶使用岸电和电驱动货物装卸；支持空港陆电等新兴项目推广，应用桥载设备，推动机场运行车辆和装备"油改电"工程。

18. 结合实例说明推行电能替代在电力供应与消费领域的重点工作？

答： 在可再生能源装机比重较大的电网，推广应用储能装置，提高系统调峰调频能力，更多消纳可再生能源。在城市大型商场、办公楼、酒店、机场航站楼等建筑推广应用热泵、电蓄冷空调、蓄热电锅炉等，促进电力负荷移峰填谷，提高社会用能效率。

19. 简述我国电能替代的约束条件。

答： 我国电能替代的约束条件有①政策扶持力度有待加强；②特高压和配电网建设有待加强；③能源价格形成机制尚不完善；④技术支撑能力有很大发展空间。

20. 结合实例说明"以电代煤"领域的电能替代技术。

答："以电代煤"是指在有充足、可靠的电能的前提下，在能源消费环节用电代替煤。主要的电能替代技术包括：分散电采暖、热泵、蓄热式电锅炉、电窑炉、农村家庭电器化、现代设施农业等。

21. 结合实例说明"以电代油"领域的电能替代技术。

答："以电代油"是指以电代油中的油，指的是汽油、煤油、柴油等石油产品。它们广泛使用于汽车、轮船、航空，农业机械、工程机械等领域。主要的电能替代技术包括：电动汽车、电气化轨道、农业电排灌、港口岸电等。

22. 电能替代有哪些商业模式？

答： 自主全资模式、合作经营模式、合同能源管理模式。

电能替代项目方案建议表见表 8–1。

表 8-1 电能替代项目方案建议表

<table>
<tr><th colspan="12">客户档案信息</th></tr>
<tr><td colspan="2">客户编号</td><td colspan="3"></td><td colspan="2">用电类别</td><td colspan="5"></td></tr>
<tr><td colspan="2">客户名称</td><td colspan="3"></td><td colspan="2">供电电压等级</td><td colspan="5"></td></tr>
<tr><td colspan="2">客户地址</td><td colspan="3"></td><td colspan="2" rowspan="2">变压器型号及其台数</td><td colspan="5" rowspan="2"></td></tr>
<tr><td colspan="2">行业分类</td><td colspan="3"></td></tr>
<tr><td colspan="2">所属园区</td><td colspan="3">（不在园区则填“否”）</td><td colspan="2">合同容量（kVA）</td><td colspan="5"></td></tr>
<tr><td colspan="2" rowspan="2">建筑物主要用途或工业企业主要产品</td><td colspan="3" rowspan="2"></td><td colspan="2">运行容量（kVA）</td><td colspan="5"></td></tr>
<tr><td colspan="2">客户联系人及联系方式</td><td></td><td></td><td></td><td></td><td></td></tr>
<tr><th colspan="12">电能替代需求设备用能信息</th></tr>
<tr><td>拟替代设备名称及数量</td><td>拟替代设备型号参数</td><td>用途及规模</td><td>拟替代能源种类</td><td>年耗能量</td><td>能源单价</td><td>拟运用电能替代技术类型</td><td>设备功率(kW)</td><td>年度替代电量(kWh)</td><td>建设费用（万元）</td><td>年运行费用(万元）</td><td>是否增容</td></tr>
<tr><td rowspan="3"></td><td rowspan="3"></td><td rowspan="3">采暖（制冷）面积____m^2
热水______蒸 t
运输量____t · km
生产加工___t(kg)</td><td>煤炭</td><td>____t</td><td>____元 /t</td><td rowspan="3"></td><td rowspan="3"></td><td rowspan="3"></td><td>替代设备
______</td><td rowspan="3"></td><td rowspan="3">是（否）需增容____kVA</td></tr>
<tr><td>柴（汽）油</td><td>____L(t)</td><td>____元 / L(t)</td><td>红线内电气设备
______</td></tr>
<tr><td>天然气</td><td>____m^3</td><td>____元 /m^3</td><td>红线外电网配套
______</td></tr>
</table>

续表

<table>
<tr><th colspan="8">项目方案信息</th></tr>
<tr><td>项目可行性概述</td><td colspan="7">（从政策环境、技术经济和客户需求三方面简单分析）</td></tr>
<tr><td>客户意愿</td><td colspan="7">（关注客户是否存在强制性政策要求、工艺提升需求等）</td></tr>
<tr><td>补充说明</td><td colspan="7">（说明项目开展可能存在的难处或困难点）</td></tr>
<tr><td>前端联系人</td><td></td><td rowspan="3">供电单位</td><td rowspan="3"></td><td>后台联系人</td><td></td><td rowspan="3">支撑单位</td><td rowspan="3"></td></tr>
<tr><td>工号</td><td></td><td>工号</td><td></td></tr>
<tr><td>联系电话</td><td></td><td>联系电话</td><td></td></tr>
<tr><td>受理日期：</td><td colspan="3"></td><td>客户意愿</td><td colspan="3">□ 有意愿　□无意愿</td></tr>
</table>

五、依据来源

（1）国家电网营销〔2017〕885号《国家电网有限公司关于在各省公司开展综合能源服务业务的意见》。

（2）国家电网营销〔2018〕158号《国家电网有限公司关于加快拓展综合能源服务市场的实施意见》。

（3）营销市场〔2019〕39号《国网营销部关于加强电能替代常态化管理的指导意见（试行）》。

第二节 能效提升服务

一、服务内容

供电企业受理用户能效提升申请，联系省综合能源服务公司，为用户提供能效分析诊断、节能改造分析等服务。

二、服务流程

本服务流程由业务受理开始，经信息传递、信息告知 2 个环节，服务结束，如图 8–2 所示。

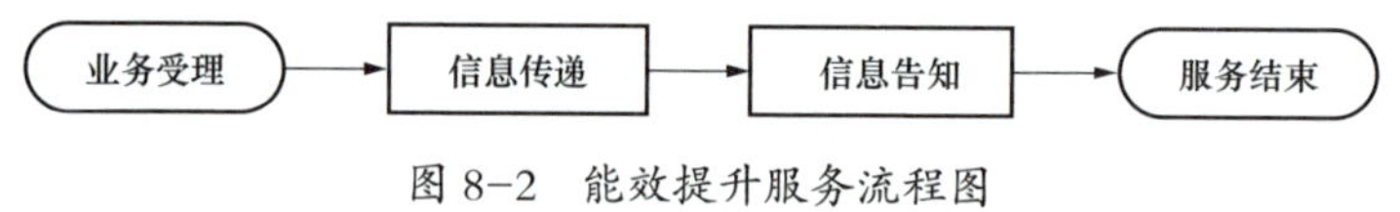

图 8–2 能效提升服务流程图

1. 业务受理

营业厅业务受理人员受理客户申请后，指导客户填写“客户能效提升需求登记表”见表 8–2。

表 8–2 客户能效提升需求登记表

客户能效提升需求登记表			
客户信息			
客户编号		用电类别	
客户名称		供电电压等级	
客户地址		变压器型号及其台数	
行业分类			
建筑物主要用途或工业企业主要产品			

续表

客户能效提升需求登记表			
所属园区	（不在园区则填“否”）	合同容量（kVA）	
		运行容量（kVA）	
		客户联系人及联系方式	
已开展的节能改造			
□供冷热系统改造 □照明系统改造 □变配电设备改造 □电机拖动系统 □余热余压利用			
客户需求：			

2. 信息传递

营业厅业务受理人员 1 个工作日内将服务需求及“客户能效提升需求登记表”传递至省综合能源服务公司或地市公司综合能源分支机构。

3. 信息告知

营业厅业务受理人员随时向省综合能源服务公司或地市公司综合能源分支机构了解业务办理进度，并反馈给客户。

三、依据来源

（1）国家电网营销〔2017〕885 号《国家电网有限公司关于在各省公司开展综合能源服务业务的意见》。

（2）国家电网营销〔2018〕158 号《国家电网有限公司关于加快拓展综合能源服务市场的实施意见》。

第三节 综合能源服务

一、服务内容

供电企业受理用户综合能源服务申请，联系省综合能源服务公司，为用户提供分布式能源、充电桩、市场化售电代理、能源托管和电力需求响应等服务。

二、服务流程

本服务流程由业务受理开始，经信息传递、信息告知 2 个环节，服务结束，如图 8–3 所示。

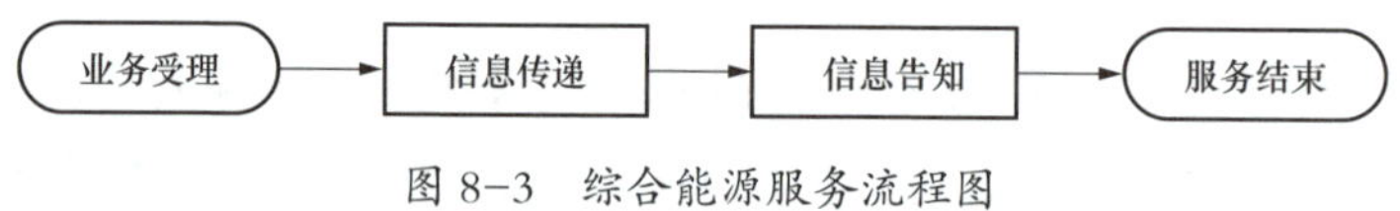

图 8–3 综合能源服务流程图

1. 业务受理

营业厅业务受理人员受理客户申请后，指导客户填写“综合能源服务需求登记表”（见表 8–3）。

表 8–3 综合能源服务需求登记表

综合能源服务需求登记表				
客户档案信息				
客户编号			用电类别	
客户名称			供电电压等级	
客户地址			变压器型号及其台数	
行业分类				

续表

综合能源服务需求登记表				
所属园区	（不在园区则填“否”）		合同容量（kVA）	
建筑物主要用途或工业企业主要产品			运行容量（kVA）	
			客户联系人及联系方式	
综合能源服务业务需求信息				
客户内部能效监测与分析服务	是□　否□	直接交易参与情况		2018 年总售电量 kWh 直接交易电量 kWh 电采暖交易电量 kWh
分布式能源建设服务	是□　否□	光伏□	风电□	三联供□
多能互补协调优化服务	是□　否□			
能效提升服务	是□　否□	空调节能改造□	照明节能改造□	空压机节能改造□
	电机节能改造□	其他		
充电桩建设	是□　否□			
储能建设服务	是□　否□			
售电服务	是□　否□			
电力需求响应	是□　否□			
能源托管	是□　否□			
其他服务需求：				

2. 信息传递

营业厅业务受理人员 1 个工作日内将服务需求及“综合能源服务需求登记表”传递至省综合能源服务公司或地市公司综合能源分支机构。

3. 信息告知

营业厅业务受理人员随时向省综合能源服务公司或地市公司综合能源分支机构了解业务办理进度，并反馈给客户。

三、依据来源

（1）国家电网营销〔2017〕885 号《国家电网有限公司关于在各省公司开展综合能源服务业务的意见》。

（2）《国家电网有限公司关于加快拓展综合能源服务市场的实施意见》（国家电网营销〔2018〕158 号）。

第九章　煤改电业务

一、服务内容

对省内不具备集中供暖条件，采用电锅炉、电地热、电热膜等方式取暖的“一户一表”居民用户，经用户申请和电网企业认定后，可以变更为电采暖电价。

二、服务流程

本服务流程由业务受理开始，经现场勘查、现场换表、现场抄表、归档 4 个环节，服务结束，如图 9-1 所示。

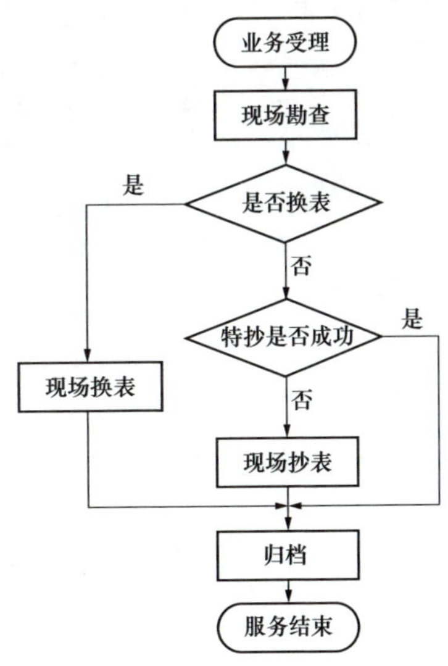

图 9-1　煤改电服务流程图

1. 业务受理

业务受理员实行“首问负责制”“一证受理”“一次性告知”“一站式服务”。对于有特殊需求的客户群体，提供办电预约上门服务。营业厅按照“谁受理、谁跟踪、谁回访”要求，对所受理的业务进行全程跟踪，及时反馈客户各环节进度，在业务办结后进行回访。

（1）受理临柜客户用电申请时，主动询问客户申请意图，向客户提供业务办理告知书，告知客户需提交的资料清单（见表 9-1）、业务办理流程、收费项目及标准和监督电话等信息。业务受理员接收并查验客户申请资料，在 20min 内在营销系统中发起改类业务流程，2h 内将流程推至客户经理，客户经理在 1 个工作日内主动联系客户进行申请确认及服务预约。对于申请资料暂不齐全的客户，在收到其用电主体资格证明，正式受理用电申请并启动后续流程，现场勘查时收齐所需资料。已有客户资料或资质证件尚在有效期内，则无须客户再次提供。

表 9-1　　居民电采暖电价需提供的资料清单

业务环节	序号	资料名称	线上		线下	
			类型	是否必备	类型	是否必备
业务受理环节	1	变更用电申请单	电子	是（系统自动生成）	纸质	是（系统生成、用户确认）
	2	用电户主体证明：自然人：身份证、军人证、护照、户口簿或公安机关户籍证明	电子	是	纸质	是
	3	物业办和小区管理单位（街道办、社区或村委会）提供的非集中供热证明	电子	是	纸质	是

续表

业务环节	序号	资料名称	线上		线下	
			类型	是否必备	类型	是否必备
业务受理环节	4	户主签字的授权委托书	电子	委托代理人办理时必备	纸质	委托代理人办理时必备
	5	经办人有效身份证明：自然人：身份证、军人证、护照、户口簿或公安机关户籍证明				

（2）收到客户“网上国网”手机 App、“95598”网站等电子渠道办电申请，业务受理员需在 1 个工作日内完成资料审核，并于当日将流程推送至客户经理。客户经理需在 1 个工作日内主动联系客户进行申请确认及服务预约。对于申请资料暂不齐全的客户，按照“一证受理”要求办理，由客户经理在现场勘查时收资。

（3）实行同一地区可跨营业厅受理办电申请。各级供电营业厅，均应受理各电压等级客户用电申请。同城异地营业厅应在 1 个工作日内将收集的客户报装资料传递至属地营业厅，实现“内转外不转”。

2. 现场勘查

客户经理现场对客户申请情况进行现场审核，重点检查客户用电性质是否与申请资料一致，是否满足相关政策要求。

3. 现场换表

对原电能表不支持改类后电价的客户，需在 4 个工作日内完成现场更换表计，并由客户现场签字确认表号、底度等信息。

4. 现场抄表

对采集系统特殊抄表计划不成功的客户，需在 1 个工作日内完成现场抄表，并由客户现场签字确认。

5. 归档

业务办理完成后，工作人员需在 1 个工作日内对系统信息和纸质资料进行归档。业务办结后，业务受理员需在 3 个工作日内回访客户。

三、话术指南

（一）居民峰谷分时电价要点

1. 陕西省居民峰谷分时电价执行范围是什么？

答：1）城乡居民“一户一表”客户。具体居民客户以住宅为单位，一个房产证明对应的住宅为一“户”。没有房产证明的，以供电企业为居民客户安装的电能表（居民合表用户除外）为单位。

2）执行居民的非居民用户。按照陕价商发〔2018〕65 号《陕西省物价局关于规范销售电价分类适用范围有关事项的通知》确定，具体指城乡居民家庭住宅，以及机关、部队、学校、企事业单位集体宿舍的生活用电。城乡居民住宅小区公用附属设施用电（不包括从事生产、经营活动用电），电锅炉用电，学校教学和学生生活用电、社会福利场所生活用电、宗教场所生活用电、城乡社区居民委员会服务设施用电以及监狱监房生活用电。

3）对总表下存在执行居民电价的非居民性质负荷的客户需装表计量方可执行。对未装表但具备分表分线条件的客户，由供电企业安装分时表计后执行。

2. 峰谷时间段是什么时候？

答：峰段：每日 8：00 ~ 20：00。

谷段：每日 20：00 ~ 次日 8：00。

3. 峰谷分时电价标准是什么？

答：居民生活用电峰段为每日 8:00~20:00，用电价格在现行对应标准基础上每千瓦时加价 0.05 元，居民生活用电谷段为每日 20:00~ 次日 8:00，用电价格在现行对应标准基础上每千瓦时降低 0.2 元。其中：城乡居民用户选择执行峰谷分时电价后，每年 11 月 1 日至次年 3 月 31 日用电量不再执行居民阶梯电价政策，但年内其他月份应执行相对应的居民阶梯电价。

4. 峰谷分时电价是强制执行吗？

答： 居民客户自愿申请，但执行居民峰谷分时电价后一年内不能申请变更，（备注：为自然年而不是日历年）。如：客户申请自 2019 年 10 月 1 日起执行（或取消）居民峰谷分时电价政策，则在 2020 年 9 月 30 日之前不允许变更。

5. 峰谷分时电价如何申请办理？

答： 居民用户自愿选择执行居民峰谷分时电价政策，具体按以下程序办理：

（1）对申请执行峰谷分时电价的“一户一表”居民客户，可提前 5 个工作日，持户主本人有效身份证件、近期交纳电费的凭证到就近的供电营业厅申请办理，委托他人办理的需再持办理人有效身份证件和户主签字的委托书。供电企业完成表计调整或更换后，开始按照峰谷分时电价计算电费。

（2）对申请执行居民峰谷分时电价的非居民客户（指执行居民生活电价的非居民客户），可提前 5 个工作日，持事业单位法定代表人证书或者统一社会信用代码证书、办理人员有效身份证明以及单位委托办理人员证明等资料到就近的供电营业厅申请办理。供电企业完成表计调整或更换后，开始按照峰谷分时电价计算电费。

（二）居民电采暖电价要点

1. 居民电采暖电价有什么政策？

答： 陕西省内不具备集中供暖条件，采用电锅炉、电地热、电热膜等电采暖方式取暖的“一户一表”居民客户，经客户申请和电网企业认定后，执行客户每年 11 月 1 日至次年 3 月 31 日（5 个月）用电量全部执行居民阶梯第一档电价，阶梯年内（指当年 7 月 1 日至次年 6 月 30 日）其余月份按照 7 个月的阶梯档位执行年阶梯电价政策。同时，对在 11 月 1 日至次年3月31日间开始执行（或取消）居民电采暖政策的“一户一表”居民客户，其阶梯档位按照实际月份数计算，不足1个月的按1个月计算。

2. 居民电采暖电价如何申请办理？

答：申请执行居民电采暖政策的客户，需要提前5个工作日，持户主本人有效身份证件、与用电地址相符的房屋产权证书（或宅基证）、物业办和小区管理单位（街道办、社区或村委会）提供的非集中供热证明以及近期交纳电费的凭证到就近的供电营业厅申请办理。供电企业现场核实该客户家中是否符合政策要求，并对符合条件的客户执行电采暖政策。

3. 可以同时申请执行电采暖电价和峰谷分时电价吗？

答：已经申请执行电采暖电价的“一户一表”居民客户，由于电采暖电价无执行年限规定，也可再申请执行居民峰谷分时电价政策，申请居民峰谷电价后按居民峰谷电价执行。但是已经申请居民峰谷分时电价的客户，由于一年内不做调整，需要在一年以后才可以再申请电采暖电价。

（三）煤改电相关政策要点

1. 政府对煤改电有什么补贴政策？

答：（1）2019年6月13日，国家财政部《财政部关于下达2019年度大气污染防治资金预算的通知》（财资环〔2019〕6号），2019年全省冬季清洁取暖试点资金合计12.8亿元，西安、咸阳、铜川、渭南、宝鸡分别为2.4亿元，杨凌示范区0.8亿元。

（2）2017年11月20日，《关于印发西安市城乡居民煤改清洁能源财政补贴发放实施细则的通知》规定，对实施居民家庭煤改电采暖改造的用户，购买电取暖设备费用给予一次性财政补贴，补贴比例为费用总额的60%，每户最高补贴3000元，不足部分由居民自行承担。单个采暖产品购置价低于100元的不予补贴。对于购置电采暖设备并签订煤改洁合约（协议）承诺书的城乡居民，在首个供暖季结束后，依据供暖期电费缴费凭证按照0.25元/kWh一次性给予财政补贴，补贴金额最高不超过1000元。

安装了峰谷分时计量表的居民同时享受峰谷电价补贴。政策执行期城镇地区为2017年4月1日至2018年10月31日，农村地区为2017年4月1日至2019年10月31日。

（3）2019年4月15日，咸阳市人民政府办公室关于调整咸政办函〔2019〕69号《咸阳市冬季清洁取暖试点城市实施方案》部分条款的通知，将原财政对农村居民每户补贴5000元提高到每户补贴5600元，群众出资1000元不变。城镇居民原改造补助政策不变。对于已实施热源清洁化改造并承诺不再使用散煤取暖的居民用户，每个采暖季（11月15日至次年3月15日）每户按实际用电、气和生物质燃料量进行补贴，每户补贴上限500元/年，补助资金只作为购电、气和符合环保要求的生物质燃料补贴，不发放现金。采暖期电给予0.2元/kWh补贴，每户最高补贴电量2500kWh。超过补贴定额的，由用户自行承担。

（4）2019年7月30日，宝鸡市人民政府办公室关于印发宝政办发〔2019〕43号《2019年全市农村清洁能源替代工作实施意见的通知》，对完成农村清洁能源替代改造，签订了《农户清洁能源替代协议书》，并实际运行的农户，可选择一种补贴方式，给予运行费用补贴。补贴标准为每户每年300元。补贴资金按省财政120元、市财政90元、县财政90元分担，补贴时限暂定从2019年10月底至2022年10月底止。违反协议使用非清洁能源农户要追回补贴资金。

（5）2019年9月19日，渭南市财政局渭南市发展和改革委员会关于印发渭财发〔2019〕215号《渭南市散煤治理暨“双替代”财政补助资金管理暂行办法》的通知。

1）初装费补助政策：

2019年4月1日至2020年11月15日期间实施“煤改气”“煤改电”“煤改热”“地热能”“太阳能”的用户，达到规定要求的，每户给予初装费补助2000元。

对按照《渭南市财政局等五部门关于印发渭南市铁腕治霾专项行动奖补工作实施方案的通知（渭财发〔2017〕267 号）》已实施“煤改气”“煤改电”的用户，在 2019 年 4 月 1 日至 2020 年 11 月 15 日期间进行“煤改气”“煤改电”提升改造，并达到规定要求的，再给予每户 1000 元的设备初装费补助。

2）运行费补助政策：

a. 对享受“煤改气”“煤改电”初装费补助的用户，每户每个采暖季运行费超过 200 元的，对超出部分进行补助，最高补助 800 元。

b. 运行费补助暂定为 2 个采暖季，即 2019 年 11 月 15 日至 2020 年 3 月 15 日和 2020 年 11 月 15 日至 2021 年 3 月 15 日。

c. 运行费在每个采暖季结束后，再进行核定补助。

（6）2019 年 8 月 9 日，铜川市人民政府办公室关于印发铜政办发〔2019〕19 号《铜川市散煤治理工作实施方案（2019—2020 年）的通知》，对居民实施“煤改电”替代，给予最高 2500 元电取暖设备补助。“煤改电”居民给予 0.2 元 /kWh 采暖季电费运行补助，最高补助 500 元。

（7）2019 年 10 月 23 日，陕西省西咸新区财政局等五部门陕西咸财发〔2019〕293《关于调整西咸新区居民“煤改气、煤改电”财政补贴政策的通知》，城乡居民建设补助标准 3000 元 / 户，以户为单位给予一次性建设补助。按省级 400 元 / 户，新区本级 1100 元 / 户，新城 1500 元 / 户进行分担。

“煤改气、煤改电”运行补贴按 1000 元 / 户的标准，以户为单位给予采暖季运行补助。按省级 120 元 / 户，新区本级 308 元 / 户，新城 572 元 / 户的进行分担。

“煤改气、煤改电”建设补助执行期截至 2020 年 11 月 15 日，资金兑付可延长至 2021 年 6 月 30 日。

“煤改气、煤改电”运行补助执行期为 2019 年、2020 年共 2 个采暖季。

“煤改电”被贴政策表见表 9–2。

表 9-2 “煤改电”补贴政策表

地区	建设补贴	运行补贴	补贴年限
西安	补贴比例为费用总额的60%，每户最高补贴3000元，不足部分由居民自行承担。单个采暖产品购置价低于100元的不予补贴	在首个供暖季结束后，依据供暖期电费缴费凭证按照每度电0.25元/kWh一次性给予财政补贴，补贴金额最高不超过1000元	政策执行期城镇地区为2017年4月1日至2018年10月31日，农村地区为2017年4月1日至2019年10月31日
咸阳	每户补贴5600元，群众出资1000元不变	每个采暖季（11月15日至次年3月15日）每户按实际用电、气和生物质燃料量进行补贴，每户补贴上限500元/年，采暖期电给予0.2元/kWh补贴，每户最高补贴电量2500kWh。超过补贴定额的，由用户自行承担	未明确
宝鸡	一次性补贴1000元	运行费用补贴标准为每户每年300元	补贴时限暂定从2019年10月底至2022年10月底止
渭南	2019年4月1日至2020年11月15日期间实施“煤改电”，每户给予初装费补助2000元。 对按渭财发〔2017〕267号已实施“煤改电”，在2019年4月1日至2020年11月15日期间进行“煤改电”提升改造，再给予每户1000元的设备初装费补助	每户每个采暖季运行费超过200元的，对超出部分进行补助，最高补助800元	运行费补助暂定为2个采暖季，即2019年11月15日至2020年3月15日和2020年11月15日至2021年3月15日
铜川	给予最高2500元电取暖设备补助	“煤改电”居民给予0.2元/kWh采暖季电费运行补助，最高补助500元	未明确
西咸	城乡居民建设补助标准3000元/户，以户为单位给予一次性建设补助	运行补贴按1000元/户的标准，以户为单位给予采暖季运行补助	运行补助执行期为2019年、2020年共2个采暖季

2. 政府对煤改电设备报销方式?

答: 西安市：煤改电设备报销由各级政府部门组织实施，《关于印发西安市城乡居民煤改清洁能源财政补贴发放实施细则的通知》以西安为例，居民签订煤改电合约（协议）承诺书后，购置相关采暖设备，凭购置发票（需要安装的设备要有安装确认书）、户口本到所在居委会（村委会）报备，由四级网格长查验相关原始凭证，留存复印件并登记造册。经现场核查、拍照存档后签字确认，在居委会（村委会）集中公示7个工作日后，将符合规定条件名单及备案资料报街办（镇政府），由三级网格长签字确认后报区县农林或民政部门审核。农林或民政部门审核后报区县级发改部门，发改部门审核汇总后，报区县二级网格长签字同意，区县财政部门据此清算兑付资金。

关中其他各地市尚未明确。

（四）客户常见提问答复

1. 我是商户，如何办理?

答: 居民电采暖和居民峰谷电价政策，只针对居民用户，不针对商业客户。

2. 我家电费是交给物业的，能办理居民电采暖和居民峰谷电价业务吗?

答: 一般向物业交电费的不是“一户一表”居民用户，很遗憾，您不能办理。

3. 房产证还没有办下来，或者租的房子，能不能办理居民电采暖电价?

答: 可以。没有办理房产证的用户，或者是租住的房子，办理时可出示户主本人身份证、物业办和小区管理单位（街道办、社区或村委会）提供的非集中供热证明。

4. 家里装的是三相电表，可以办理居民电采暖电价吗?

答: 可以，不看电能表看用户性质，凡是实行“一户一表”的居民用户（不含居民合表用户）都可以申请。

5. 我家电能表是插卡式的，可以办理居民电采暖电价吗？

答：对省内不具备集中供暖条件，采用电锅炉、电地热、电热膜等方式取暖的“一户一表”居民用户。

只要您是不具备集中供暖条件，采用电锅炉、电地热、电热膜等方式取暖的“一户一表”居民用户，都可以办理。

6. 居民电采暖电价办理条件中还需要非集中供暖证明，那集中供暖的就不能申请办理了？

答：按照物价部门规定，只有不具备集中供暖条件、使用电采暖的客户才能办理居民电采暖电价。如果您是市政集中供暖，就无法办理此项业务，但可以根据您的用电情况选择居民峰谷分时电价政策。

7. 小区地热抽水中央空调供暖算电采暖吗？

答：小区地热抽水中央空调供暖是集中供暖，针对集中电采暖的设备可办理相应的峰谷电价。

8. 用空调、电暖气等家用设备取暖可以申请电采暖电价吗？

答：对省内不具备集中供暖条件，采用电锅炉、电地热、电热膜等方式取暖的“一户一表”居民用户。

用空调、电暖气等家用设备取暖也属于电采暖，只要您符合办理条件就可以办理。

9. 我准备安电壁挂炉了，12kW 一天要 80kWh 电，是不是可以选择采暖电价？

答：具体采用峰谷电价还是采暖电价需要结合您家的总用电量和电壁挂炉的使用时段来决定，晚上用电多选择峰谷电价更划算。

10. 现在申请电采暖电价，从什么时间算起执行？

答：在电采暖手续成功办理后的下个月起执行，例如“一户一表”居民客户 12 月 15 日起执行居民电采暖电价政策，则其阶梯年内阶梯月份数为9个月（免阶梯月份为1~3月）。“一户一表”居民客户12月15日起取消执行居民电采暖电价政策，则其阶梯年内阶梯月份数为10个月（免阶梯月份为11~12月）。

11. 电采暖电价是不是一年申请一次？还是一次能申请好几年，一年后能否变更？

答：电采暖电价申请经认定后，每年11月1日至次年3月31日用电量全部执行居民阶梯第一档电价不加价，不需要一年申请一次。电采暖电价无执行年限规定，申请后随时可以变更。

12. 能否同时申请执行电采暖电价和居民峰谷分时电价？

答：可以，已经申请执行电采暖电价的“一户一表”居民客户，由于电采暖电价无执行年限规定，也可再申请执行居民峰谷分时电价政策，居民峰谷电价政策中已包含电采暖政策的免阶梯优惠，申请居民峰谷电价后按居民峰谷电价执行。但是已经申请居民峰谷分时电价的客户，由于一年内不做调整，需要在一年以后才可以变更为电采暖电价。

13. 按照140m^{2}最起码要20kW的电锅炉，相当于每小时耗电20kWh，一天最起码240kWh电，一个月保守7200kWh。这样算对吗？

答：这样算不对！依据《城市热力网设计规范》节能型住宅即建筑本体有保温层和双层玻璃（新建商品房基本都是这种标准），每平方米热值为42.5W，140m^{2}房子最多需要5.95kW的电采暖设备，每天最多运行24h耗电142.8kWh，每月最多用4284kWh，这是最极端的情况。而实际上，电采暖可以随用随开，一天最多开16h，少的是10h，也不需要按房屋建筑面积来配置电采暖设备。拿空调为例，在客厅需要2匹立式，卧室需要1匹挂式，两台变频空调每天16h需用电22.4kWh，气温低时需开空调辅热（与电炉子耗电量相当）每天用电增加到59.8kWh，供暖5个月平均每月1600kWh是较为合理的。

四、依据来源

（1）陕价商发〔2017〕97号 陕西省物价局《关于进一步完善我省居民生活用电价格政策的通知》2017年8月29日起执行。

（2）陕价商函〔2017〕111号《陕西省物价局关于印发清洁供暖价格政策实施意见通知》。

（3）陕电营销〔2017〕112号 国网陕西省电力公司关于印发《居民峰谷和电采暖电价政策操作实施规范》的通知。

（4）陕价商发〔2018〕65号《陕西省物价局关于规范销售电价分类适用范围有关事项的通知》。

（5）陕价商发〔2018〕83号《陕西省物价局关于调整我省居民生活用电峰谷时段划分的通知》2018年9月1日起执行。

（6）环大气〔2019〕98号 关于印发《汾渭平原2019—2020年秋冬季大气污染综合治理攻坚行动方案》的通知。

（7）陕政办发〔2019〕12号《陕西省人民政府办公厅关于印发四大保卫战2019年工作方案的通知》。

（8）陕政办发〔2019〕14号《陕西省人民政府办公厅关于印发关中地区散煤治理行动方案（2019—2020年）的通知》。

第十章 电动汽车

第一节 高压充电设施（公用）

一、服务内容

高压充电设施报装指 10kV 及以上电压等级供电的客户向供电企业提出报装接电需求。高压充电设施多为公用充电设施，公用充电设施指在政府机关、公用机构、大型商业区、居民社区、停车场等公共区域投资建设的充电站、交直流充电桩等设施。

二、服务流程

本服务流程由业务受理开始，经供电方案答复、外部工程实施、装表接电 3 个环节，服务结束，如图 10–1 所示。

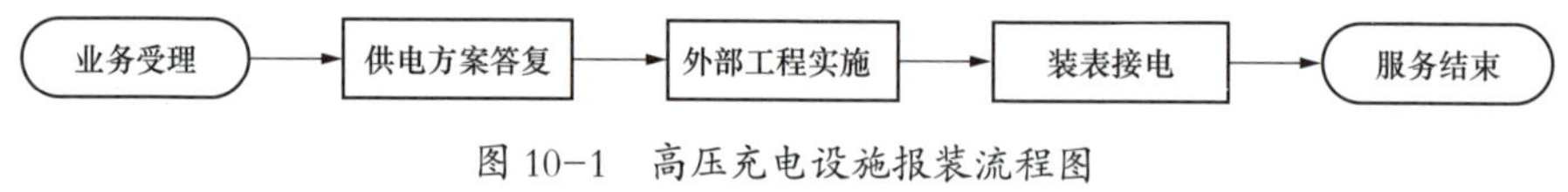

图 10–1　高压充电设施报装流程图

1. 业务受理

业务受理员实行“首问负责制”“一证受理”“一次性告知”。对于有特殊需求的客户群体，提供办电预约上门服务。营业厅按照“谁受理、谁跟踪、谁回访”要求，对所受理的业务进行全程跟踪，及时反馈客户各环节进度，在业务办结后进行回访。

（1）受理临柜客户用电申请时，主动询问客户申请意图，向客户提供业务办理告知书，告知客户需提交的资料清单、业务办理流程、收费项目及标准、监督电话等信息。业务受理员接收并查验客户申请资料，填写“高压用电登记表”（见表 10-1），由客户签字确认后，在 20min 内在营销系统中发起高压新装（增容）业务流程，2h 内将流程推至客户经理，客户经理在 3 个工作日内主动联系客户进行申请确认及服务预约。对于申请资料暂不齐全的客户，在收到其用电主体资格证明并签署“客户承诺书”后（见图 10-2），正式受理用电申请并启动后续流程，由客户经理在现场勘查时收资。已有客户资料或资质证件尚在有效期内，则无须客户再次提供。

表 10-1　高压客户用电登记表

客户基本信息			
户　名		户　号	
（证件名称）		（证件号码）	
行　业		重要客户	是□　否□
用电地址	县（市/区）	街道（镇/乡）	社区（居委会/村）
	道路	小区	组团（片区）
通信地址		邮编	
电子邮箱			
经办人		身份证号	
固定电话		移动电话	
客户经办人资料			
经办人		身份证号	
固定电话		移动电话	
用电需求信息			
业务类型	新装□　增容□　临时用电□		
用电类别	工业□　非工业□　商业□　农业□　其他□		

续表

第一路电源容量	kW	原有容量：　　　kVA	申请容量：　　　kVA
第二路电源容量	kW	原有容量：　　　kVA	申请容量：　　　kVA
自备电源	有□　无□	容　　量：　　　kW	
需要增值税发票	是□　否□	非线性负荷	有□　无□
特别说明： 本人（单位）已对本表及附件中的信息进行确认并核对无误，同时承诺提供的各项资料真实、合法、有效 。 经办人签名（单位盖章）：＿＿＿＿＿＿ 年　月　日			
供电企业填写	受理人员：	申请编号：	
	受理日期：　　年　月　日	供电企业（盖章）：	

（2）收到客户“网上国网”手机 App、“95598”网站等电子渠道办电申请，业务受理员 1 个工作日内完成资料审核，并于当日将流程推送至客户经理，客户经理在 3 个工作日内主动联系客户进行申请确认及服务预约。对于申请资料暂不齐全的客户，按照“一证受理”要求办理，由客户经理在现场勘查时收资。

（3）实行同一地区可跨营业厅受理办电申请。各级供电营业厅，均应受理各电压等级客户用电申请。同城异地营业厅应在 1 个工作日内将收集的客户纸质资料传递至属地营业厅，实现“内转外不转”。

2. 供电方案答复

供电方案是由客户经理依据供电方案编制有关规定和技术标准要求，结合现场勘查结果、电网规划、用电需求及当地供电条件等因素，经过技术经济比较、与客户协商一致后确定。高压供电方案有效期 1 年。供电方

客户承诺书

国网 ×× 供电公司：

本人_______（单位）因_______需要办理用电申请手续，此次申请用电的地址为_______，申请用电的容量_______kVA（或 kW）。因_____原因，目前暂时只能提供本单位的主体资格证明资料《_______》，其他相应的用电申请资料在以下时间点提供：

在_______（时间或环节）前提交资料 1：《_______》。

在_______（时间或环节）前提交资料 2：《_______》。

……

为保证本单位能够及时用电，在提请供电公司先启动相关服务流程，我本人（单位）承诺：

（1）我方已清楚了解上述各项资料是完成用电报装的必备条件，不能在规定的时间提交将影响后续业务办理，甚至造成无法送电的结果。若因我方无法按照承诺时间提交相应资料，由此引起的流程暂停或终止、延迟送电等相应后果由我方自行承担。

（2）我方已清楚了解所提供各类资料的真实性、合法性、有效性、准确性是合法用电的必备条件。若因我方提供资料的真实性、合法性、有效性、准确性问题造成无法按时送电，或送电后在生产经营过程中发生事故，或被政府有关部门责令中止供电、关停、取缔等情况，所造成的法律责任和各种损失后果由我方全部承担。

用电人（承诺人）：

年　月　日

图 10-2　客户承诺书

案答复期限：自受理客户用电申请之日起，10 ~ 35kV 单电源客户不超过 15 个工作日；10 ~ 35kV 免审批或可开放容量范围内双电源客户不超过 20 个工作日，受限且超出免审批容量或超出可开放容量范围双电源客户不超过 25 个工作日；110、330kV 单电源客户不超过 15 个工作日，双电源客户不超过 30 个工作日。

根据“一口对外”原则，客户经理按照供电方案答复时限规定，将“供电方案答复单”传递至受理营业厅，营业厅业务受理员在 2h 内电话通知客户领取供电方案答复单，并可根据客户需求提供邮寄服务。

3. 外部工程实施

业务受理员明确告知客户自主选择产权范围内工程的设计、施工、供货单位，依据供电方案开展工程设计和施工，并推荐客户采用供电公司免费提供的“客户工程典型设计”。

4. 装表接电

在竣工检验合格，签订“供用电合同”及相关协议，并按照政府物价部门批准的收费标准结清业务费用后，5 个工作日内完成送电。对于客户有特殊要求的，按照与客户约定的时间装表接电。业务办结后，业务受理员在 3 个工作日内回访客户。

三、所需资料

充换电设施用电申请所需提供资料见表 10–2。

表 10–2　　充换电设施用电申请需提供资料清单

序号	资料名称	高压
1	用电申请表	√
2	身份证原件及复印件	√
3	营业执照原件及复印件	√

续表

序号	资料名称	高压
4	固定车位产权证明或产权单位许可证明	√
5	客户停车位（库）的平面图	√
6	物业部门出具允许施工的书面说明	√
7	政府职能部门有关项目立项的批复文件	○/√
8	主要充电设备符合国家和行业标准的证明材料	△
9	其他需提供的资料	△

注 “√”为必须存档；“△”为视情况存档；“○”可在设计审查环节提供。

四、话术指南

（1）问：公用充电设施电能表安装位置？

答： 电能表宜安装在交流充电桩内部，位于交流充电桩输出端与电动汽车充电接口之间，电能表与电动汽车充电接口之间不应接入与电能计量无关的设备。

（2）问：公用充电设施电能表类型，公用充电设施电能表计量方式是什么？

答： 单相远程费控智能电能表，电能表采用直接接入式。根据实际需求可采用高供高计或高供低计方式。

（3）问：电动汽车充电设施如何收取电费？

答： 1）对向电网经营企业直接报装接电的经营性集中式充换电设施用电，执行大工业用电价格。2020年前，暂免收基本电费；是否延期，以国家发展改革委文件为准。

2）其他充电设施按其所在场所执行分类目录电价。其中，居民家庭住宅、居民住宅小区、执行居民电价的非居民用户中设置的充电设施用电，执行居民用电价格中的合表用户电价；党政机关、企事业单位和社会公共停车场中设置的充电设施用电执行“一般工商业及其他”类用电价格。

3）电动汽车充换电设施用电执行峰谷分时电价政策。鼓励电动汽车在电力系统用电低谷时段充电，提高电力系统利用效率，降低充电成本。

（4）问：家住西安，想建一个停车场，办理高压充电设施新装，在哪儿可以办，大概有什么流程？

答：在西安公司高新、三星、浐灞、渭北客户服务分中心供电区域内，新建新能源汽车充电站及充电桩，需要 10 kV 及以上高压供电的，由环城东路营业厅统一受理。其他地区由客户所在区县供电公司营业厅受理，在接到客户申请后，专人现场勘查并出具供电方案，客户依据供电方案开展受电工程设计，设计完成后报供电公司审核。审核通过后客户可开展施工，在施工过程中需要对隐蔽工程进行中间检查并在施工结束后需要报供电公司检验合格即可供电。

五、依据来源

（1）发改价格〔2014〕1668《关于电动汽车用电价格政策有关问题的通知》。

（2）国网（营销/3）898—2018 号《国家电网有限公司电动汽车智能充换电服务网络管理办法》。

第二节 低压充电设施（自用）

一、服务内容

低压充电设施报装指 380V/220V 电压等级供电的客户新装向供电企业提出报装接电需求。低压充电设施多为自用充电设施，自用充电设施指购买和使用电动汽车的个人在其拥有所有权或使用权的专用固定停车位上建设的充电桩基接入上级电源的相关设施。

二、服务流程

本服务流程由业务受理开始，经外部工程工程施工（具备直接装表条件的，取消外部工程施工环节）、装表接电 2 个环节，服务结束，如图 10-3 所示。

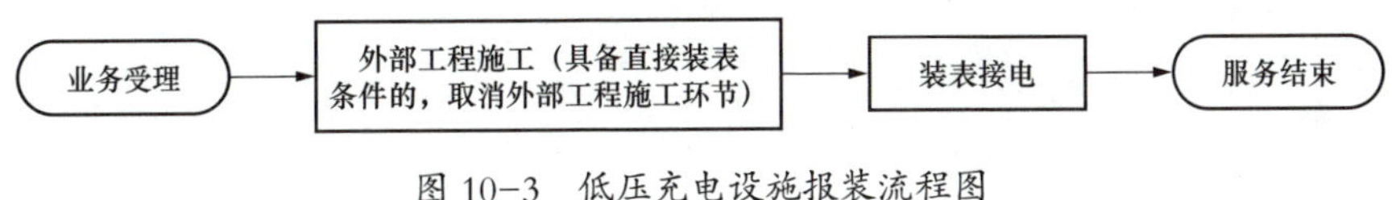

图 10-3 低压充电设施报装流程图

1. 业务受理

业务受理员实行“首问负责制”“一证受理”“一次性告知”。对于有特殊需求的客户群体，提供办电预约上门服务。营业厅按照“谁受理、谁跟踪、谁回访”要求，对所受理的业务进行全程跟踪，及时反馈客户各环节进度，在业务办结后进行回访。

（1）受理临柜客户用电申请时，主动询问客户申请意图，向客户提供业务办理告知书，告知客户需提交的资料清单、业务办理流程、收费项目及标准、监督电话等信息。业务受理员接收并查验客户申请资料，填写“低压居民用电登记表”（见表 10-3）或“低压非居民用电登记表”（见表 10-4），由客户签字确认后，在 20min 内在营销系统中发起低压新装（增容）业务流程，2h 内将流程推至客户经理，客户经理在 1 个工作日内主动联系客户进行申请确认及服务预约。对于申请资料暂不齐全的客户，在收到其用电主体资格证明并签署“客户承诺书”后（见图 10–2），正式受理用电申请并启动后续流程，由客户经理在现场勘查时收资。已有客户资料或资质证件尚在有效期内，则无须客户再次提供。

表 10–3　　低压居民生活用电登记表

<table>
<tr><td colspan="5">客户基本信息</td></tr>
<tr><td>客户名称</td><td colspan="3"></td><td rowspan="5">（档案标识二维码，系统自动生成）</td></tr>
<tr><td>（证件名称）</td><td colspan="3">（证件号码）</td></tr>
<tr><td>用电地址</td><td colspan="3"></td></tr>
<tr><td>通信地址</td><td></td><td>邮编</td><td></td></tr>
<tr><td>电子邮箱</td><td colspan="3"></td></tr>
<tr><td>固定电话</td><td></td><td>移动电话</td><td colspan="2"></td></tr>
<tr><td colspan="5">经办人信息</td></tr>
<tr><td>经 办 人</td><td></td><td>身份证号</td><td colspan="2"></td></tr>
<tr><td>固定电话</td><td></td><td>移动电话</td><td colspan="2"></td></tr>
<tr><td colspan="5">服务确认</td></tr>
<tr><td>业务类型</td><td colspan="4">新装□　　增容□</td></tr>
<tr><td>户　号</td><td></td><td>户　名</td><td colspan="2"></td></tr>
<tr><td>供电方式</td><td></td><td>供电容量</td><td colspan="2"></td></tr>
<tr><td>电　价</td><td></td><td>增值服务</td><td colspan="2"></td></tr>
<tr><td>收费名称</td><td></td><td>收费金额</td><td colspan="2"></td></tr>
<tr><td>其他说明</td><td colspan="4"></td></tr>
</table>

续表

服务确认		
特别说明： 本人已对本表信息进行确认并核对无误，同时承诺提供的各项资料真实、合法、有效，并愿意签订供用电合同，遵守所签合同中的各项条款。 经办人签名： 年 月 日		
供电企业填写	受理人员：	申请编号：
	受理日期： 年 月 日	

表 10-4 低压非居民用电登记表

客户基本信息					
户 名			户 号		（档案标识二维码、系统自动生成）
（证件名称）	（证件号码）				
用电地址					
通信地址			邮编		
电子邮箱					
法定代表人		身份证号			
固定电话		移动电话			
经办人信息					
经 办 人		身份证号			
固定电话		移动电话			
申请事项					
业务类型	新装□	增容□	临时用电□		

续表

<table>
<tr><td colspan="4">申请事项</td></tr>
<tr><td>申请容量</td><td></td><td>供电方式</td><td></td></tr>
<tr><td colspan="2">需要增值税发票</td><td colspan="2">是□　　否□</td></tr>
<tr><td rowspan="4">增值税
发票资料</td><td>增值税户名</td><td>纳税地址</td><td>联系电话</td></tr>
<tr><td></td><td></td><td></td></tr>
<tr><td>纳税证号</td><td>开户银行</td><td>银行账号</td></tr>
<tr><td></td><td></td><td></td></tr>
<tr><td colspan="4">告知事项</td></tr>
<tr><td colspan="4">贵户根据供电可靠性需求，可申请备用电源、自备发电设备或自行采取非电保安措施</td></tr>
<tr><td colspan="4">服务确认</td></tr>
<tr><td colspan="4">特别说明：
本人（单位）已对本表信息进行确认并核对无误，同时承诺提供的各项资料真实、合法、有效 。
经办人签名（单位盖章）：＿＿＿＿＿＿
年　月　日</td></tr>
<tr><td rowspan="2">供电
企业
填写</td><td colspan="2">受理人：</td><td>申请编号：</td></tr>
<tr><td colspan="3">受理日期：　　年　月　日</td></tr>
</table>

（2）收到客户“网上国网”手机 App、“95598”网站等电子渠道办电申请，业务受理员 1 个工作日内完成资料审核，并于当日将流程推送至客户经理，客户经理在 1 个工作日内主动联系客户进行申请确认及服务预约。对于申请资料暂不齐全的客户，按照“一证受理”要求办理，由客户经理在现场勘查时收资。

（3）实行同一地区可跨营业厅受理办电申请。各级供电营业厅，均应受理各电压等级客户用电申请。同城异地营业厅应在1个工作日内将收集的客户纸质资料传递至属地营业厅，实现“内转外不转”。

2. 外部工程施工

具备直接装表条件的，在勘查确定供电方案后当场装表接电，无“外部工程实施”环节；不具备直接装表条件的，客户经理在现场勘查时答复客户供电方案，依据供电方案开展工程施工。供电企业与客户签订供用电合同，明确产权分界点，产权分界点以下部分由客户负责施工，产权分界点以上部分由供电企业负责施工，供电企业施工部分不收取任何费用。客户产权范围内的工程，由其自主选择具备相应资质的设计、施工、供货单位。

3. 装表接电

具备直接装表条件的，在勘查确定供电方案后当场装表接电；不具备直接装表条件的，在现场勘查时答复客户供电方案，根据与客户约定时间或电网配套工程竣工当日装表接电。

装表接电期限：

（1）对于无外线工程的低压非居民客户，在正式受理用电申请后，4个工作日内完成装表接电；对于有外线工程的低压非居民客户，在受理用电申请后8个工作日内完成装表接电。

（2）对于无电网配套工程的低压非居民客户，在正式受理用电申请后，3个工作日内完成装表接电工作；对于有电网配套工程的客户，在供电方案答复后，10个工作日完成电网配套工程建设，工程完工当日装表接电。

三、所需资料

充换电设施用电申请需提供资料清单见表10–5。

表 10–5　　充换电设施用电申请资料清单

序号	资料名称	居民	低压非居
1	用电申请表	√	√
2	身份证原件及复印件	√	√
3	营业执照原件及复印件		△
4	固定车位产权证明或产权单位许可证明		√
5	客户停车位（库）的平面图		√
6	物业部门出具允许施工的书面说明	√	√
7	政府职能部门有关项目立项的批复文件		△
8	主要充电设备符合国家和行业标准的证明材料		
9	其他需提供的资料		

注　“√”为必须存档；“△”为视情况存档。

四、话术指南

（1）问：我家里买了个电动汽车，现在想装一台充电桩，应该怎么办理？

答：公用变压器小区供电的，按照低压报装受理流程，并接入；客户专用变压器供电的，营销人员负责告知并引导客户联系物业接入。

（2）问：自用充电设施报装所需材料？

答：居民低压客户需提供居民身份证（原件及复印件）或户口本（原件及复印件）、固定车位产权证明或产权单位许可证明、物业出具同意使用充换电设施的证明材料。

非居民客户需提供身份证（原件及复印件）、固定车位产权证明或产权单位许可证明、停车位（库）平面图、物业出具允许施工的证明等资料，高压客户还需提供政府职能部门批复文件等证明材料。

（3）问：居民自用充电设施注销所需资料及流程？

1）低压客户。①房屋产权证原件和复印件（如无法提供房屋产权证时：可提供建房许可证、房管公房租赁证、房屋居住权证明等；②产权人身份证原件和复印件及经办人身份证原件和复印件（如无法提供身份证明时可提供军官证、护照等有效证件）；③用户编号。

2）低压非居民客户。①销户申请表（申请表上加盖单位公章，所盖公章与系统户名需一致）；②提供经办人身份证原件和复印件（如无法提供身份证时可提供军官证、护照等有效证件）；③用户编号。

业务流程：受理—现场勘察—审批—合同终止—信息归档电量电费计算—电量电费审核—电费发行—归档。

五、依据来源

国网（营销/3）898—2018《国家电网公司电动汽车智能充换电服务网络管理办法》。

第三节　电动汽车充值卡销售

一、服务内容

客户开通办理电动汽车充电卡开卡及充值业务。

二、服务流程

本服务流程由业务受理，经充电卡开卡及充值、确认现场充值金额及到账情况 2 个环节，服务结束，如图 10–4 所示。

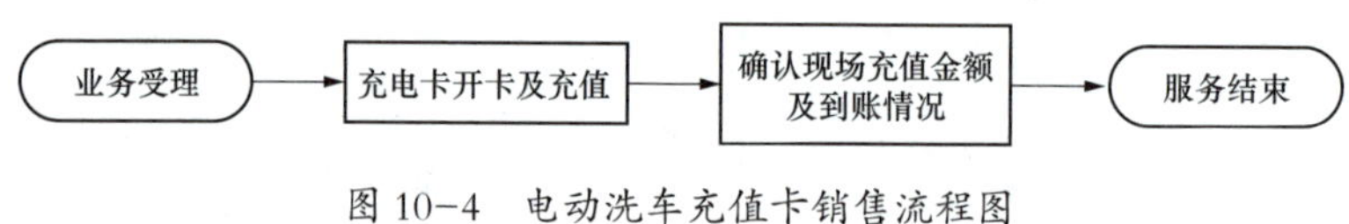

图 10–4　电动洗车充值卡销售流程图

1. 业务受理

供电营业厅业务受理员收到临柜客户办电申请，检查客户提供资料完整性及合规性。受理客户用电申请时，营业厅业务受理员应主动为客户提供联系方式及用电咨询服务。

2. 充电卡开卡及充值

核实无误后，工作人员按照国网电动汽车公司相关操作流程即时为客户办理开卡及充值业务。营业厅工作人员应指导客户在应用商店下载“e 充电”App 后根据相关操作提示使用注册、充值、查询充电站点等功能。

3. 确认现场充值金额及到账情况

充电卡开卡充值及“e 充电”App 注册充值均为即时办理业务，办理结果当场告知客户。对于在营业厅办理充值业务的，需要客户现场确认充值金额及到账情况。对于在“e 充电”App 充值的客户，可随时查询账户余额，也可在 App 上绑定充电卡，查询卡内余额。

三、所需资料

充电卡开卡申请需提供资料清单见表 10-6。

表 10-6 充电卡开卡申请所需资料清单

序号	资料名称	个人	单位
1	办理人的身份证原件及复印件	√	√
2	营业执照原件及复印件		√
3	委托书原件及复印件		√
4	法定代表人身份证号		√

注 “√”为必须提供。

四、标准话术

（1）问：办理或者购买电动汽车充电卡需要哪些申请资料？

答：1）实名充电卡：①个人客户：本人身份证或护照原件（港澳台同胞提供来往大陆通行证）；②单位客户：加盖公章的营业执照及法定代表人身份证复印件，如为代理人办理，还需提供授权委托书及代理人身份证原件。注：每人最多可办理 5 张充电卡。

2）非实名充电卡：无须提供任何证件，到指定营业厅即可办理。注：每人可办理多张充电卡。

（2）问：在哪里可以买到电动汽车充电 e 卡？

答：您好，在各地市相关营业厅均有售。

（3）问：电动汽车充电卡怎么挂失？

答：1）实名充电卡丢失：客户可到营业网点办理挂失，挂失时需提供充电卡归属人姓名、身份证号和预留联系方式。挂失后 10 日内，充电卡被找到的，客户可携带与原卡相一致的有效证件到营业厅办理解挂。

2）非实名充电卡为不记名卡，不挂失，丢失不补。

（4）问：电动汽车充电卡怎么补卡？

答：挂失10日后，客户可携带与原卡相一致的有效证件到本省营业网点办理补卡手续，营业网点通过车联网平台核对挂失记录及客户身份信息后将清算后的原卡余额存入新卡。

（5）问：电动汽车充电卡挂失及解挂失的业务流程？

答：1）客户提供实名信息。

2）营业厅甄别实名信息。

3）选择遗失的充电卡挂失，如充电卡找回可进行解挂。

4）充电卡挂失后，电动汽车用户可持身份证件在营业厅同时补卡。营业厅需要告知用户补卡后老卡找到不可解挂，老卡自动失效。

5）挂失10个工作日后，持挂失的充电卡到指定营业厅进行补钱，挂失的充电卡余额只可以补到补卡的充电卡中，其他充电卡不能进行补钱。

（6）问：电动汽车充电卡怎么开具发票？

答：1）非实名制充电卡：只能在营业厅办理。

2）实名制充电卡：目前只能在营业厅办理（实名充电卡客户关联“e充电”电子账户功能暂未实现）。

[注意]：可在全国范围内办理车联网业务的营业厅办理（但需注意：办理时需要填写发票申请表，表内须填写营业执照相关内容以及所要开票单位的公章）。

（7）问：电动汽车充电卡怎么办理销卡？

答：您好，请携带以下资料，在相关营业厅办理。

1）申请材料：

a. 个人客户：提供本人身份证件或护照原件（港澳台同胞提供来往大陆通行证）；如为代理人办理，请携带原实名制客户身份证原件，代办人身份证原件及电动汽车充电卡，去营业厅办理。

b. 单位客户：提供加盖公章的营业执照及法定代表人代表身份证复印件，如为代理人办理，还需提供授权委托书及代理人身份证原件。

客户填写退费信息，营业网点工作人员负责将客户退费信息录入车联网平台。

2）携带与原卡相一致的有效证件，并提供本人银行借记卡账户信息（户名、卡号、开卡银行）和联系电话。

3）原卡有灰锁记录的应先完成解灰操作。

4）销卡后，原卡收回并及时剪卡销毁。

5）非实名充电卡不得销卡。

6）无需充值发票。

（8）问：电动汽车充电卡有效期是多久？

答：1）充电卡的有效期为 3 年，自办理之日起计算。

2）每次充值后将自动从充值之日起重新计算有效期。

（9）问：电动汽车充电卡怎么充电？

答：您好，可按照下列流程进行充电：

1）连接电动汽车与充电桩：将充电线电源侧插入充电桩，车辆侧插入电动汽车。

2）选择充电方式：在充电桩上选择国网充电卡。

3）输入金额与密码：先选择预充金额，金额范围为 0.5~400 元；随后输入密码，非实名制充电卡无须输入密码；最后点击确定。

4）刷卡启动充电：①在充电桩刷卡区刷卡启动充电，读卡过程将持续一段时间，请勿拿开卡片；②待充电桩屏幕上显示刷卡成功后，方可拿开卡片，充电将于一段时间内启动；③若用户操作不当，屏幕上将显示刷卡失败的信息，请点击返回并重试；④若用户的充电卡密码输入错误，屏幕将提示密码错误的信息，请点击返回并重新输入；⑤一张充电卡有三次输错密码的机会，若超过三次，充电卡将被锁定，请用户至营业厅解锁；

⑥若因为充电桩故障等原因导致无法启动充电，屏幕将显示充电启动失败的信息，请点击返还未消费金额以退回充电预付款。

5）充电中：充电启动后，屏幕上将显示充电中的各类信息，包括充电监控、费用信息、设备信息和电池信息等，用户可点击屏幕以切换查看。屏幕右侧将实时显示本次充电时长和车辆SOC信息。充电可按预充金额自动完成，用户也可提前停止充电。若用户想停止充电，请点击屏幕右下方的半圆形按钮。

6）停止充电：屏幕将显示充电完成的信息，以及本次充电电量、费用、时长及卡号信息。若充电自动完成，请点击结算。若用户主动停止充电，请点击返还未消费金额。若充电过程中遇到充电桩故障或拔枪操作导致充电中止，屏幕将显示服务暂停的信息，以及本次充电电量、费用、时长及卡号信息、故障代码等。请点击返还未消费金额。

7）刷卡结算：当屏幕显示刷卡提示后，请再次刷卡以进行结算，结算将在120s内完成，请勿拿开卡片。待屏幕上显示充电停机中，请勿拔枪，耐心等待。若充电桩故障或刷卡操作不当导致结算失败，屏幕将显示结算失败，请点击返回并重新操作。

8）充电完成：当结算完成，屏幕上将显示本次充电详情，包括充电电量、金额、时长和充电卡余额，请将充电枪放回充电桩。

五、依据来源

国家电网公司营销部编 . 电动汽车充换电设施服务管理 . 北京：中国电力出版社，2018.

六、业务表单

电动洗车充值营业厅网点地址见表10–7。

表 10–7 电动洗车充值营业厅网点

序号	所属单位	营业厅名称	营业厅地址
1	西安	环城东路营业厅	西安市环城东路 159 号
2	西安	北关营业厅	西安市莲湖区北关正街 36 号 –2
3	西安	西关营业厅	西安市团结东路副 17 号
4	西安	含光路营业厅	西安市含光北路 74 号
5	咸阳	人民路供电营业厅	咸阳市秦都区西兰路 30 号
6	咸阳	渭阳路供电营业厅	咸阳市秦都区渭阳西路 2 号
7	咸阳	兴平金城路供电营业厅	咸阳市兴平市金城路中段
8	咸阳	杨凌新桥路供电营业厅	咸阳市杨凌区神果路 1 号
9	宝鸡	斗中路供电营业厅	宝鸡市金台区大庆路 125 号
10	宝鸡	曙光路供电营业厅	宝鸡市金台区曙光路 28 号
11	宝鸡	宝鸡市和谐北路供电营业厅	宝鸡市高新区和谐北路
12	宝鸡	陈仓北环路供电营业厅	宝鸡市陈仓区虢镇北门
13	宝鸡	凤县新建路供电营业厅	宝鸡市凤县双石铺新建路 344 号
14	渭南	国网前进路供电营业厅	渭南市前进路 110 号
15	渭南	潼关县中心供电营业厅	渭南市潼关县金城大道电力局营业大厅
16	渭南	太华路供电营业厅	渭南市华阴市太华南路 45 号
17	渭南	国网金塔路供电营业厅	渭南市韩城市盘河路与金塔路十字
18	渭南	国网蒲城县东风路供电营业厅	渭南市蒲城县东风路东段
19	铜川	咸丰路供电营业厅	铜川市新区咸丰路 21 号
20	铜川	印台王益三里洞供电营业厅	铜川市印台区三里洞 15 号
21	铜川	耀州步寿路供电营业厅	铜川市耀州区步寿路 3 号
22	铜川	宜阳北街供电营业厅	铜川市宜君县宜阳北街 61 号
23	汉中	黄家塘营业厅	汉中市供电大道

续表

序号	所属单位	营业厅名称	营业厅地址
24	汉中	勉县和平路营业厅	汉中市勉县和平路中段
25	汉中	略阳中学路营业厅	汉中市略阳中学路
26	安康	巴山西路供电营业厅	安康市汉滨区巴山西路 167 号
27	商洛	商洛市北新街供电营业厅	商洛市商州区北新街 139 号
28	商洛	商洛市名人街供电营业厅	商洛市商州区名人街 28 号
29	商洛	山阳丰河路供电营业厅	商洛市山阳县丰河路
30	商洛	洛南中甫街供电营业厅	商洛市洛南县中甫街东门口
31	商洛	丹凤江滨北路供电营业厅	商洛市丹凤县江滨大道
32	延安	西市路供电营业厅	延安市宝塔区西市路中段
33	延安	东大街供电营业厅	延安市宝塔区东大街
34	延安	北大街电力营业厅	延安市黄陵北大街
35	延安	洛川振兴路营业厅	延安市洛川县振兴西路
36	榆林	长城路供电营业厅	榆林市榆阳区长城南路 199 号
37	榆林	桃李路供电营业厅	榆林市经济开发区桃李路 100 号
38	西咸	西咸新区金旭路营业厅	西咸新区金旭路营业厅

第四节　电动汽车推广

一、服务内容

电动汽车推广是指借助各种宣传的场站或平台，在公共交通、网约、出租、物流、私家车等领域通过电动车逐步代替燃油汽车的过程，树立电动车在客户中的消费理念。

二、服务流程

由引导介绍开始，经试乘试驾、充电桩现场功能展示、受理销售订单、车辆交付、客户评价及使用反馈 5 个环节，流程结束，如图 10-5 所示。

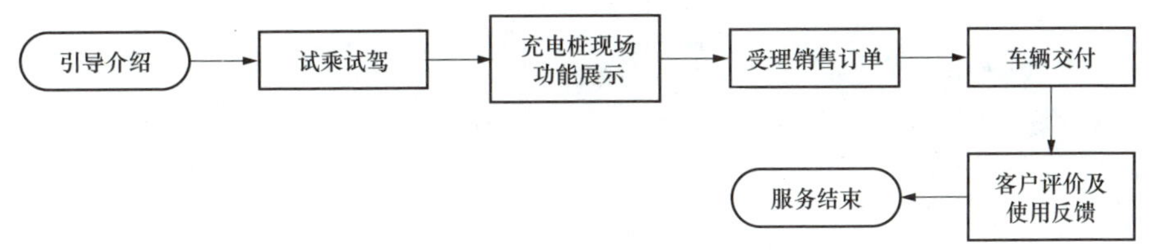

图 10-5　电动汽车推广流程图

1. 引导介绍

营业厅设置电动汽车租售业务专员，客户看到宣传载体后，直接进厅问询电动汽车租售业务，需为客户进行宣传介绍；客户进厅办理其他业务时，可在业务办理结束后，主动向客户介绍电动汽车租售业务。

2. 试乘试驾

如果通过业务人员讲解介绍，客户达成初步购买意向，可直接通过线上“e 车购”App 记录客户联系方式、拟试乘试驾时间等信息，“e 车购”会通过后台操作，派单至合资公司车辆业务专责，根据客户所提出车型、试驾时间等具体需求进行联络安排，由营业厅业务人员负责提前与客户进行沟通，邀约并陪同客户至附近合作经销商看车、试乘、试驾、进行深度体验。

3. 充电桩现场功能展示

对于A级营业厅可通过现场实桩充电演示、虚拟充电服务区以及多媒体互动机向客户介绍充电桩功能特点。其他营业厅可通过业务人员结合电子展板讲解介绍，并可在客户达成初步购买意向后，记录客户联系方式，并由合资公司充电业务专责，根据客户所提出充电设备类型、充电服务演示时间等具体需求进行联络安排，邀约客户到充电服务演示区进行功能演示与体验。

4. 受理销售订单

试乘试驾或充电功能体验结束后，营业厅业务人员应与客户保持密切沟通，如果客户提出购买诉求，可协助用户自助或代用户通过“e车购”App完成车辆、充电产品下单，并由合资公司相关业务人员按照国网电动汽车公司销售业务标准流程，协调完成下单后车源、充电设备货源获取工作，并在与客户约定时间内完成准备购车、购桩发票等相关材料，具备车辆、充电产品交付条件。

5. 车辆交付

根据客户实际需求，营业厅业务人员为用户提供送车上门或指定地点提取车辆的个性化服务，协助客户完成验车、上牌流程，提供保险、精品装饰等一站式优质服务。同时在交付车辆过程中，营业厅业务人员向客户宣传推荐“e充电”App，并介绍相关功能的使用方法，提供指导手册及下载二维码，让用户了解充电及配套用车服务事项，使用户售后用车无忧。

6. 客户评价及使用反馈

车辆、充电设施交付使用后引导客户通过“e车购”App完成购车体验评价，根据实际情况，对购车、充电服务用户进行用车回访，建立VIP

客户资料，及时收集用车、充电设施情况的反馈，随时解决用车、充电服务过程中产生的问题。

三、标准话术

（1）问：你们都销售什么品牌的汽车呢？

答：目前电动汽车公司已与郑州日产、荣威、吉利、北汽、神龙、江西五十铃、厦门金龙、比亚迪、知豆等主流车企签署了战略合作协议，形成了深入合作关系，可取得不高于一级经销商的车辆采购价格，并建立了成熟完备的线下车源渠道体系，具备为客户提供车辆全寿命周期“一站式”专业服务的能力。

（2）问：在你们这里购买电动汽车有什么优势呢？价格会比经销商更低吗？

答：车辆价格方面随市场价格变化会有波动，但我们的价格不会高于一级经销商的价格，并且在充电桩安装方面我们可以做到百分百安装到位。虽然很多经销商现在买车也送桩，但不能保证百分百安装到位，比如一些小区的安装引线就是一个问题，并且还需要客户自行与物业协调，在我们这里购车，就为您省去了这些流程。

（3）问：在你们这里购买电动汽车，后期汽车的保养维修应该找谁？

答：我们现在是线上线下一体化服务，线上我们可以下载“e车购”App，这是一款可提供选车（查看车型参数、价格浏览、试乘试驾预约）、订车、验车、交车、售后保养预约、充电、金融保险的一条龙套餐式服务的应用软件；线下我们有电动汽车服务（陕西）有限公司的智慧出行综合展厅和下属六家分公司的新能源汽车体验店，各车辆品牌属地签约经销商可提供试乘试驾、车辆交付及售后维修保养等服务。

（4）问：充电桩方面你们都有什么服务呢？

答：1）线下，对个人用户，可提供供电报装代理服务，个人桩共享、有序充电与平台接入等一条龙服务，供电设计与建设服务。针对政企用户，可提供充电场站的建设、供电报装委托代办、配电设备管理、有序充电、车辆运行管理平台接入、代运营和运维等多维度服务。

2）线上，通过“e 充电”App 可获取智慧车联网平台上充电站详细地理位置、站内充电桩实时状态信息，为用户提供智能推荐、定位导航、一键充电、便捷支付等全方位服务。

（5）问：电动汽车租赁是怎么办理呢？

答：我们线上依托智慧出行服务平台“e 约车”App，可提供车辆长短租、分时租赁、网约车、通勤班车、政企服务于一体的“互联网 + 出行”业务新模式，线下依托售后服务体系，可提供车辆维修、保养、增值服务等一条龙服务。

四、依据来源

（1）国网电动汽车服务有限公司电能替代模式创新试点工作支撑方案。

（2）国网电动汽车服务有限公司电能替代模式创新试点营业厅展示方案。

五、业务表单

营业厅展示内容布置参考图如图 10-6 所示。

(a)

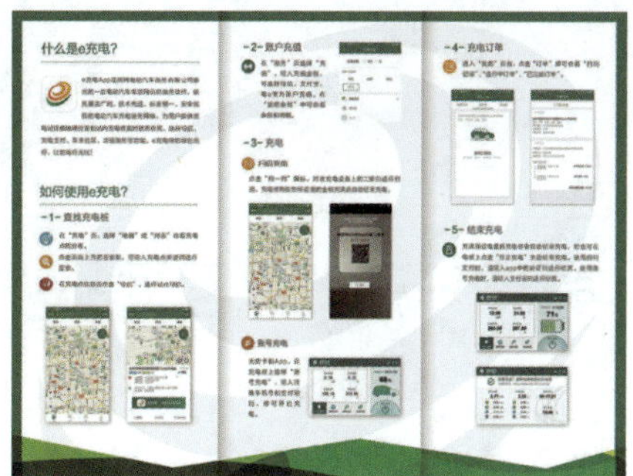

(b)

(c)

(d)

图 10-6 营业厅展示内容布置参考图

(a) A 级营业厅展示;(b)“e 充电”业务宣传三折页资料设计(1);(c)“e 充电”业务宣传三折页资料设计(2);(d)“e 车城”业务宣传折页资料设计

第十一章 “互联网 +”创新服务推广

一、服务内容

供电企业在受理客户业扩报装、交费、咨询等业务过程中，主动向客户发放宣传资料，介绍电子渠道功能优势，引导协助客户下载、注册、绑定和使用电子渠道进行业务办理。

二、服务流程

本服务流程由业务受理开始，经推荐电子渠道、下载使用 2 个环节，服务结束，如图 11–1 所示。

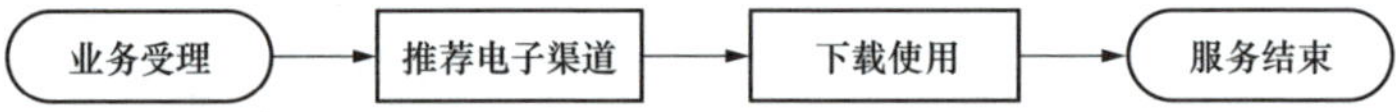

业务受理 → 推荐电子渠道 → 下载使用 → 服务结束

图 11–1 “互联网 +”服务流程图

1. 业务受理

业务受理员应积极向前来办理业务的客户宣传推荐电子渠道功能。

2. 推荐电子渠道

推荐电子渠道有：“网上国网”手机 App、“电 e 宝”手机 App、“e 充电”手机 App，“国网陕西电力”微信公众号。

3. 下表使用

（1）IOS（苹果）系统下载安装方法：可通过从 App Store 中搜索或扫描宣传折页二维码来下载“网上国网”手机 App、“电 e 宝”手机 App、 “e 充电”手机 App。

（2）Android（安卓）系统下载安装方法：可通过从手机自带应用商店搜索或扫描宣传折页二维码来下载“网上国网”手机 App、“电 e 宝”手机 App、“e 充电”手机 App。

（3）微信中搜索“国网陕西电力”微信公众号关注并使用。

三、话术指南

（1）问：我刚看到这个宣传册上说，下载这个 App 后，以后就不用到营业厅来办理业务了，怎么安装呢？

答：（询问用户手机系统类型）您好，如果您使用的手机系统是 IOS 系统（苹果系统），可以通过在 App Store 中搜索或扫描宣传折页二维码来下载新版“网上国网”手机 App；如果您使用的手机系统是 Android 系统（安卓系统），可以通过从手机自带应用商店搜索或扫描宣传折页二维码来下载，点击按钮下载并安装程序。安装完成后，点击 App 图标运行程序，系统帮助手册会引导您完成注册，“网上国网”手机 App 界面如图 11-2 所示。

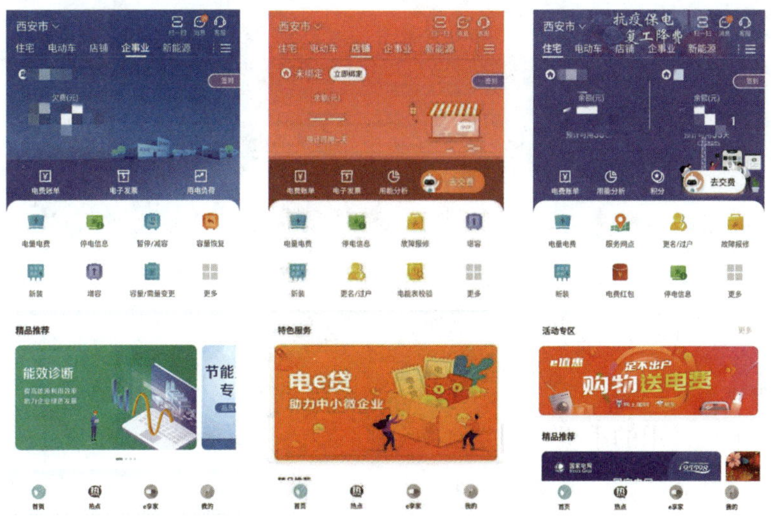

图 11-2　“网上国网”手机 App 界面

“网上国网”手机 App 是在“掌上电力”手机 App 的基础上创新改版推出的，作为国家电网有限公司官方互联网服务的统一入口，覆盖“住宅、电动车、店铺、企事业、新能源”5 大类客户类型，功能涉及“交费、办电、查询、能效服务、电动车、新能源、客户服务”7 大类共 55 项，可为您提供购电、电费查询、电子发票生成、办电、电动汽车购买、找桩充电、光伏新装、光伏签约、智能节能商品在线购买、用能分析、能效诊断等一站式智慧用能服务，如图 11–3 所示。

图 11–3 “网上国网”手机 App 功能

（2）问：我刚看到这个宣传册上说，下载这个 App 后，可以给我们公司（高压用户）交电费，还能办理电费理财产品，怎么安装呢？

答：（询问用户手机系统类型）如果您使用的手机系统是 IOS 系统（苹果系统），通过在 App Store 中搜索下载“电 e 宝”手机 App。

如果您使用的手机系统是 Android 系统（安卓系统），可通过从手机自带应用商店搜索或扫描宣传折页二维码来下载“电 e 宝”手机 App，下载安装完成后，运行程序，系统帮助手册会引导您完成注册。

“电 e 宝”手机 App 可为您提供智能缴费、电费小红包优惠、煤改电申请、积分 e+ 服务、我的账单、办理电费理财服务等，如图 11-4 所示。

图 11-4　“电 e 宝”App 界面

（3）问：我刚看到这个宣传册上说，下载这个 App 后，以后就不用到营业厅来进行电动汽车充电交费业务了，怎么安装呢？

答：（询问用户手机系统类型）如果您使用的手机系统是 IOS 系统（苹果系统），可以在 App Store 中搜索来下载“e 充电”手机 App，点击按钮下载并安装程序。

如果您使用的手机系统是 Android 系统（安卓系统），可通过从手机自带应用商店搜索或扫描宣传折页二维码来下载“e 充电”手机 App，点击按钮下载并安装程序。安装完成后运行程序，系统帮助手册会引导您完成注册。

“e充电”手机App可为您提供充值、e约车、e车城、e卡购买、e卡绑定等，如图11-5所示。

图11-5 “e充电”手机App界面

（4）问：我刚看到这个宣传册上说，搜索关注微信公众号后，在微信上也可以办理用电业务了？

答：您好，是的。通过在微信中选择“公众号”—“搜索公众号”—输入“国网陕西电力”—关注公众号后，就可以办理电费交纳业务，也可以查询电费，提前了解停电信息等。

“国网陕西电力”微信公众号可向您提供交费购电、补写电卡、用电阶梯电价查询、电量电费查询、信息订阅等功能，如图11-6所示。

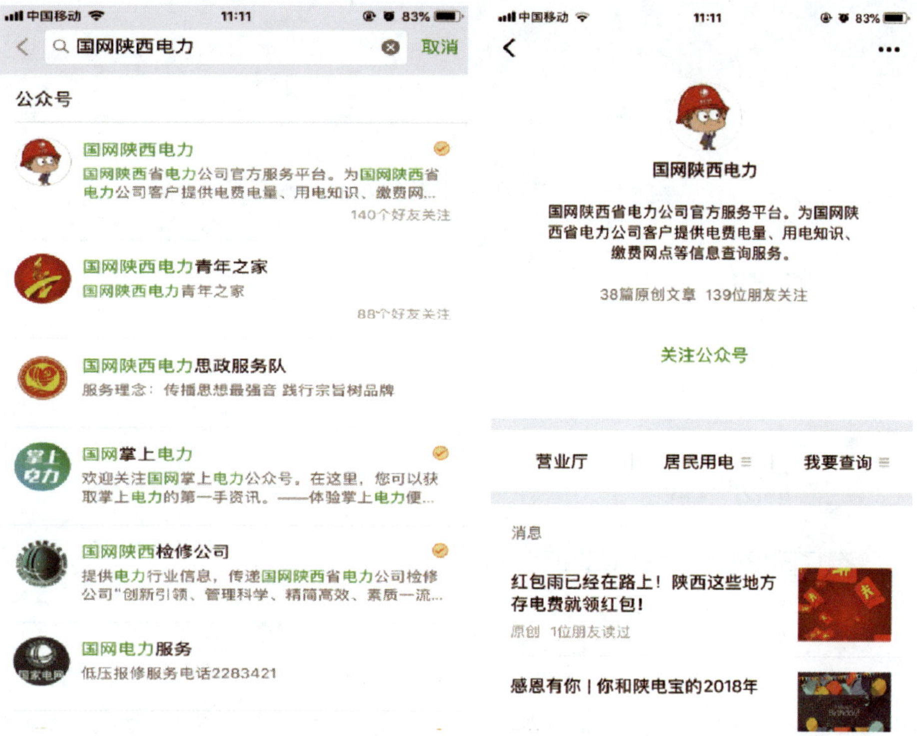

图 11-6 “国网陕西电力”公众号界面

四、依据来源

（1）“网上国网” App 操作手册。

（2）“电 e 宝” App 操作手册。

（3）e 充电 App 管理操作手册。

（4）“国网陕西电力”微信公众号。

第十二章　客户侧需求

第一节　客户侧停电配合申请

一、服务内容

客户向供电公司提出的停电配合申请。

二、服务流程

本服务流程由业务受理开始，经停电配合、服务回访 2 个环节，服务结束，如图 12–1 所示。

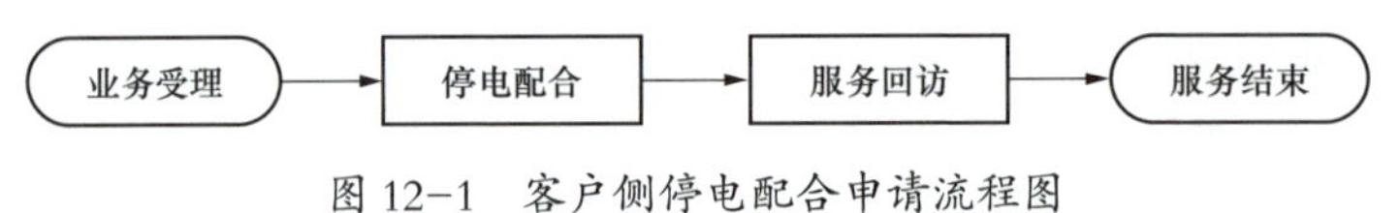

图 12–1　客户侧停电配合申请流程图

1. 业务受理

各供电营业厅接到临柜客户或客户致电反映配合停电诉求时，询问客户停电原因、停电时间等情况，区分客户提出的停电申请是营业业务类申请（暂停、减容、销户等），因检修、试验等停电类申请，还是紧急事故停电类申请。

（1）属营业业务类的申请，客户可通过线下和线上两种方式办理申请手续，业务受理员接受客户申请后按照用电变更办理流程办理。

（2）属因检修、试验等停电类申请，客户应提前一个月（便于安排停电计划）向供电公司提出书面申请（申请需写明：停电原因，线路名称，时间，地址，要求，联系人姓名和电话，单位公章），营业厅进行资料审核并进行受理，业务受理员 20min 内启动“业务工单制”派发至用电检查部门，用电检查员在 1 个工作日内主动联系客户进行申请确认及服务预约，并协助用户办理停电手续

（3）如客户遇紧急情况需要供电公司紧急配合断电处理，业务受理员应记录详情，并立即上报主管领导。供电公司视紧急程度，根据相关业务规范进行处理。

2. 停电配合

根据客户诉求，供电公司进行停电配合。

3. 服务回访

业务受理员对已发起“业务工单制”的停电配合业务，在该业务工单归档前对工单处理情况进行回访、归档。

三、申请资料

（1）属营业业务类的申请：按照营业业务办理申请资料收取。

（2）属因检修、试验等停电类申请：书面停电申请报告（申请需写明：停电原因，线路名称，时间，地址，要求，联系人姓名和电话，单位公章）。

四、话术指南

（1）问：我厂属于专线客户，需检修电气设备，应如何办理停电申请?

答：您好，您需提前一个月（便于安排停电计划）向所属区县供电公司用电检查部门书面申请，供电公司用电检查部门将协助用户办理停电手续。

（2）问：办理停电申请需要费用吗?

答：您好，不需要任何费用。

第二节 专线客户停电计划需求

一、服务内容

专线客户向供电公司提出的停电申请。

二、服务流程

本服务流程由业务受理开始，经停电配合、服务回访2个环节，服务结束，如图12-2所示。

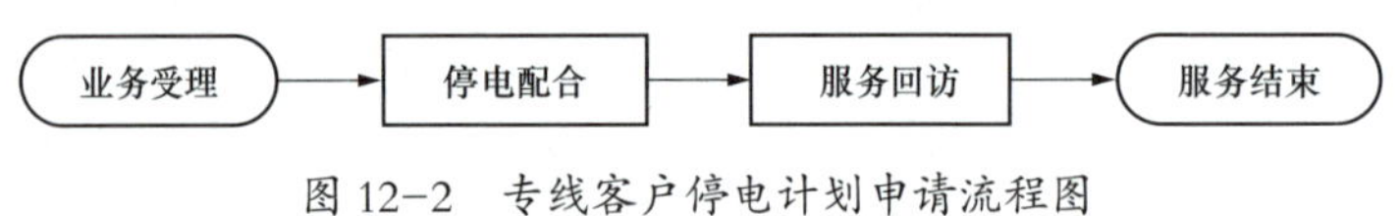

图12-2 专线客户停电计划申请流程图

1. 业务受理

各供电营业厅接到临柜客户或客户致电反映配合停电诉求时，询问客户停电原因、停电时间等情况，区分客户提出的停电申请是营业业务类申请（暂停、减容、销户等）；因检修、试验等停电类申请；还是紧急事故停电类申请。

（1）属营业业务类的申请，客户可通过线下和线上两种方式办理申请手续，业务受理员接受客户申请后按照用电变更办理流程办理。

（2）属因检修、试验等停电类申请，客户应提前一个月（便于安排停电计划）向供电公司提出书面申请（申请需写明：停电原因，线路名称，时间，地址，要求，联系人姓名和电话，单位公章），营业厅进行资料审核并进行受理，业务受理员20min内启动“业务工单制”派发至用电检查部门，用电检查员在1个工作日内主动联系客户进行申请确认及服务预约，并协助用户办理停电手续。

（3）如客户遇紧急情况需要供电公司紧急配合断电处理，业务受理员应记录详情，并立即上报主管领导。供电公司视紧急程度，根据相关业务规范进行处理。

2. 停电配合

根据客户诉求，供电公司进行停电配合。

3. 服务回访

业务受理员对已发起“业务工单制”的停电配合业务，在该业务工单归档前对工单处理情况进行回访、归档。

三、申请资料

（1）属营业业务类的申请：按照营业业务办理申请资料收取。

（2）属因检修、试验等停电类申请：书面停电申请报告（申请需写明：停电原因，线路名称，时间，地址，要求，联系人姓名和电话，单位公章）。

四、话术指南

（1）问：我厂属于专线客户，需检修电气设备，应如何办理停电申请？

答：您好，您需提前一个月（便于安排停电计划）向所属区县供电公司用电检查部门书面申请，供电公司用电检查部门将协助用户办理停电手续。

（2）问：办理停电申请需要费用吗？

答：您好，不收取费用。

第三节　客户侧保电需求

一、服务内容

电力客户因某一重大活动需求，向供电公司书面申请电力保障。

二、服务流程

本服务流程经业务受理开始，经保电配合、服务回访 2 个环节，服务结束，如图 12-3 所示。

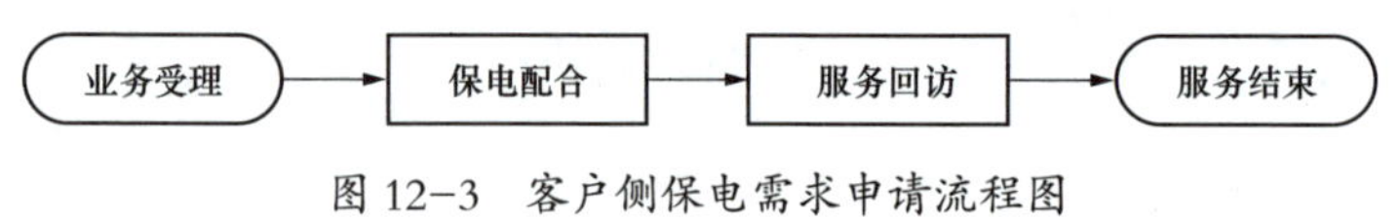

图 12-3　客户侧保电需求申请流程图

1. 业务受理

客户应提前 7 天向供电公司提出书面形式的保电申请，申请报告需写明：保电原因，线路名称，时间，地址，要求，联系人姓名和电话，单位公章。供电营业厅受理保电申请后，20min 内启动“业务工单各制”派发用电检查部门，用电检查员在 1 个工作日内主动联系客户进行申请确认及服务预约，并协助用户办理保电手续。

2. 保电配合

依据相关规范，供电公司根据保障供电的重要程度和影响范围，对客户保电事件进行分级，并制定保电方案，开展保电配合。

3. 服务回访

业务受理员对已发起“业务工单制”的保电配合业务，在该业务工单归档前对工单处理情况进行回访、归档。

三、申请资料

保电申请报告（申请报告需写明：保电原因，线路名称，时间，地址，要求，联系人姓名和电话，单位公章）。

四、话术指南

（1）问：如何申请保电需求？

答：您好，客户提前7天以书面报告的形式送至供电公司办公室，申请报告需写明保电原因、线路名称、时间、地址、要求、联系人姓名和电话、单位公章。

（2）问：供电公司提供保电服务，是否收费？

答：您好，不收取费用。

（3）问：如何申请租用发电车？费用是多少？

答：您好，为了满足您特殊用电需要，保证各类活动不间断供电，临时性重要电力用户可以通过租用应急发电车（机）等方式，配置自备应急电源。由于日常应急和保障工作需求，供电公司不提供对外租赁发电服务。

五、依据来源

（1）国家电网有限公司关于印发国家电网营销〔2016〕262号《国家电网公司重要保电事件（客户侧）处置应急预案》的通知。

（2）电监会安全〔2008〕43号《国家电力监管委员会关于加强重要电力用户供电电源及自备应急电源配置监督管理的意见》。

第十三章　故障报修

第一节　故障报修

一、服务内容

根据客户反映的故障报修情况，受理因电力部门设施问题、不可抗力因素、人为损坏设施、内部故障等情况引起的单户或多户停电的报修业务。

二、服务流程

本服务流程由业务受理开始，经判断客户用电类别（是否为供电企业直供户、非供电企业直供户）、停电信息查询、判断故障原因、派发工单、工单回访 5 个环节，服务结束，如图 13-1 所示。

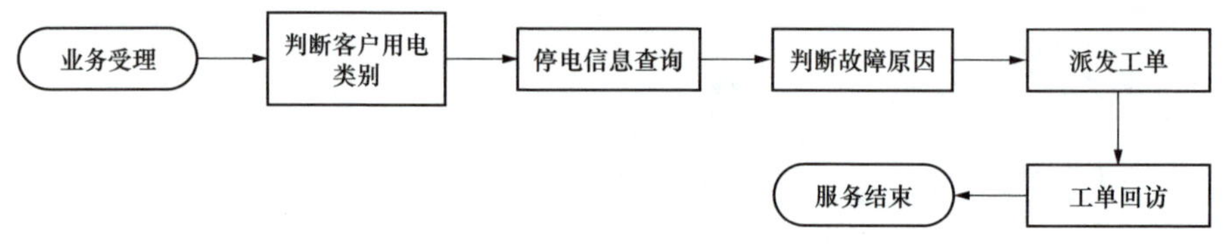

图 13-1　客户故障报修流程图

1. 业务受理

业务受理员在受理客户诉求时，应详细记录客户户号、用电地址、客户姓名、联系方式、用电区域、反映内容等信息。业务受理员首先判断客户为供电企业直供户或非供电企业直供户；判断是单户故障或是多户故障（如果是单户停电，首先在交费系统查询显示，有没有欠费。如有欠费显示，告知客户欠费原因，客户交清欠费后，下发业务工单，进行复电操作。如没有欠费，判断是否存在表计故障，下发业务工单处理；如果是多户停电，查询停电信息，如是计划检修停电，告知客户停电时间及恢复用电时间。如是因外力引发的电力故障，应告知客户原因及预计恢复用电时间，并向客户致歉）。然后按照判断情况进行业务处理，①属于供电企业直供户的停电故障由业务受理员 10min 内在营销业务启动“业务工单”推送至供电服务指挥中心进行故障处理。同时告知客户：“你所反映的情况我们已记录下来，请您保持电话畅通，会有工作人员与您联系”；②不属于供电企业直供户的停电故障，向客户耐心说明原因，并请客户与所在的物业小区联系解决停电问题。

2. 判断客户用电类别

通过客户编号，判断客户用电类别，确定是否为供电企业直供户或非供电企业直供户。如不是供电企业直供户，向客户耐心说明原因并请客户与所在的物业小区联系解决停电问题。

3. 停电信息查询

在系统中查询该客户所在区域是否有计划检修停电或是发生临时性电力故障而产生停电（营业厅需要有查询停电信息和因发生临时性电力故障而停电的信息查询系统或是该查询系统已存在，需赋权于营业厅人员，方便向客户解释；或是营业厅人员需要查询停电信息时，供电服务指挥中心应积极配合，不要以任何借口推诿、拒绝）。

4. 判断故障原因

判断是否欠费停电，判断是否表计故障。

5. 派发工单

业务受理员 10min 内在营销业务应用系统启动“业务工单”推送至供电服务指挥中心，供电服务指挥中心接到工单后，5min 内派发至抢修班进行故障处理。

6. 工单回访

故障处理完毕后，供电服务指挥中心将故障处理结果反馈营业厅，业务受理员 24h 内完成回访工作，并如实记录客户意见及满意度评价情况。

三、所需资料

客户户号、用电地址、客户姓名、联系方式、用电区域。

四、话术指南

（1）问：家里怎么突然停电了，昨天我才交的电费，到底是怎么回事？

答：您好，请你先提供一下您的客户编号（或是电能表表号）、用电地址。很抱歉，你所提供的客户编号与用电地址不属于供电企业的直供户，对于你反映的情况请你与所在的物业小区联系解决。

（2）问：家里怎么突然停电了，昨天我才交的电费，来时，我看了看邻居家都有电，那我家到底是怎么回事？

答：您好，请您先提供一下您的客户编号（或是电能表表号）、用电地址。根据你提供的客户编号与用电地址是属于供电企业的直供户。

我们在交费系统查询显示，您家没有欠费（如有欠费显示，告知客户欠费原因，客户交清欠费后，下发工单，进行复电操作。如没有欠费，也没有计划检修停电或临时性故障停电，按照表计故障下发派单）。请您稍等一下，我们再查询一下您所在用电区域是否有计划停电。您好，您所在的用电区域，今天有计划检修停电，是从上午 ×× 时至下午 ×× 时。停电给您带来的不便，敬请谅解。您现在可以关注“×××××”电力微信公众号，这样您就可以提前了解每月的停电时间，方便您提前做好应急措施。

（3）问：电费才交了两天，家里就停电了，旁边的邻居家都有电，那我家到底是怎么回事？

答：您好，请您先提供一下您的客户编号（或是电能表表号）、用电地址。根据您提供的客户编号与用电地址是属于供电企业的直供户。

我们在交费系统查询显示，您家没有欠费（如有欠费显示，告知客户欠费原因，客户交清欠费后，下发工单，进行复电操作。）。请您稍等一下，我们再查询一下您所在用电区域是否有计划停电。您好，您所在的用电区域，今天没有计划检修停电。停电原因是，今天下午 ×× 时，因市政施工损坏电力线路，引发了临时性故障停电。我们的工作人员已在现场进行紧急抢修，预计 ×× 时恢复供电。根据《国家电网有限公司供电服务“十项承诺”》规定：提供 24h 电力故障报修服务，供电抢修人员到达现场的时间一般不超过：城区范围 45min；农村地区 90min；特殊边远地区 2h。停电给您带来的不便，敬请谅解。

（4）问：我们整个小区不知什么原因都停电了，怎么回事呀？

答：您好，请您先提供一下您的客户编号（或是电能表表号）、用电地址。根据您提供的客户编号与用电地址该小区是属于供电企业的直供户。我们查询到您所在的小区用电区域，今天有计划检修停电，是从上午 ×× 时至下午 ×× 时。停电给您带来的不便，敬请谅解。您现在可以关注“×××××”电力微信公众号，这样您就可以提前了解每月的停电时间，方便您提前做好应急措施。

（5）问：我们整个小区不知什么原因都停电了，怎么回事呀？

答：您好，请您先提供一下您的客户编号（或是电能表表号）、用电地址。根据您提供的客户编号与用电地址该小区是属于供电企业的直供户。我们查询到您所在小区的用电区域，今天没有计划检修停电。停电原因是，今天下午 ×× 时，因市政施工损坏电力线路，引发了临时性故障停电。我们的工作人员已在现场进行紧急抢修，预计 ×× 时恢复供电。根据《国家电网有限公司供电服务“十项承诺”》规定：提供 24h 电力故障报修服务，供电抢修人员到达现场的时间一般不超过：城区范围 45min；农村地区 90min；特殊边远地区 2h。停电给您带来的不便，敬请谅解。

五、依据来源

《国家电网有限公司供电服务“十项承诺”》。

第二节　采集、负控故障报修

一、服务内容

客户反映用电信息采集终端、负荷控制终端发生故障，要求供电企业处理。

二、服务流程

本服务流程由业务受理开始，经现场检查、现场调试、现场更换 3 个环节，服务结束，如图 13-2 所示。

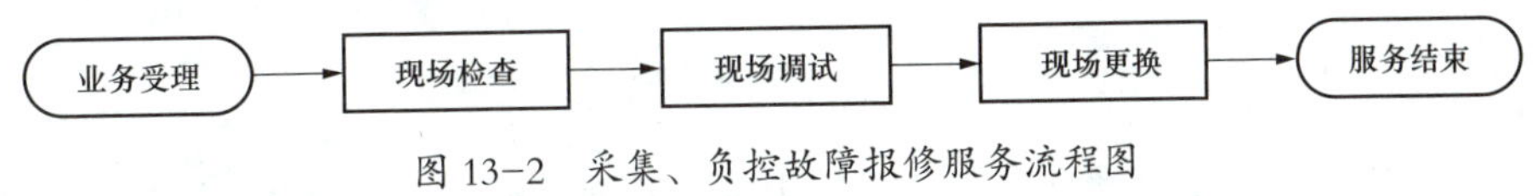

图 13-2　采集、负控故障报修服务流程图

1. 业务受理

供电营业厅接到临柜客户或客户致电反映用电信息采集终端、负荷控制终端故障时，20min 内启动“业务工单制”派发采集班，采集人员在 1 个工作日内主动联系客户进行申请确认及服务预约。受理客户用电申请时，营业厅业务受理员应主动为客户提供联系方式及咨询服务。

2. 现场检查

采集人员按照约定时间到达现场，检查用电计量装置、用电信息采集终端、负荷控制终端是否故障，并对故障原因进行判断。

3. 现场调试

若现场用电信息采集终端、负荷控制终端无损坏，进行现场调试，排除故障，采集成功并获得客户认可后，服务结束。若用电信息采集终端、负荷控制终端已损坏，则现场更换处理。

4. 现场更换

采集人员确认需要更换终端后，现场更换，并进行现场调试，确认采集成功。采集人员将问题核查或处理情况答复客户并告知营业厅受理人员。受理人员在该业务工单归档前对工单处理情况进行回访、归档。

三、申请资料

（1）客户名称或地址任意一项。

（2）客户编号。

（3）联系方式。

四、话术指南

问：采集终端故障了，会影响正常用电吗？

答：您好，故障并不影响正常用电。用电信息采集终端是对各信息采集点用电信息进行采集，从而实现数据管理、数据双向传输以及转发或执行控制命令的设备。

第十四章　一般诉求

第一节　投诉

一、服务内容

供电营业厅受理客户的投诉，按规定向客户回复处理结果的服务。

二、服务流程

本服务流程由业务受理开始，经接单分理、投诉处理、回单审核、客户回访4个环节，服务结束，如图14-1所示。

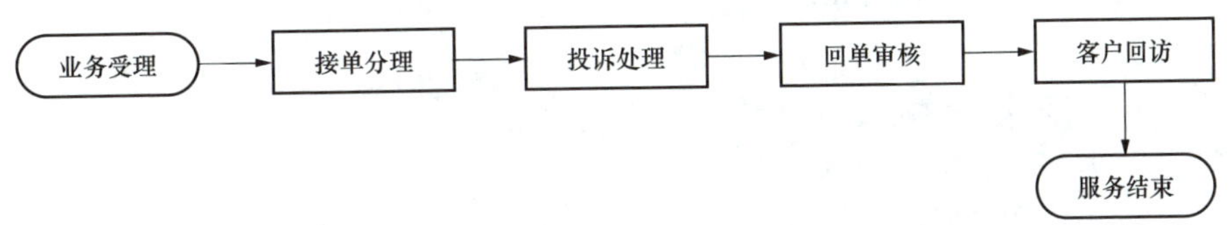

图14-1　投诉服务流程图

1. 业务受理

供电营业厅受理客户投诉后，营业厅受理人员在20min内完成工单填写、审核、派单。

2. 接单分理

接收客户投诉工单后，营业厅受理人员20min内在营销业务应用系统中将工单分理至业务处理部门。

3. 投诉处理

业务处理部门受理客户投诉后 1 个工作日内联系客户（除保密、匿名投诉工单外），5 个工作日内将工单处理反馈结果返回营业厅。

4. 回单审核

营业厅受理人员对返回工单质量进行审核，对回单内容或处理意见不符合要求的，注明原因后将工单回退至业务处理供电公司再次处理。对无法在时限内办结的客户投诉，营业厅继续对投诉处理情况跟踪督办。

5. 客户回访

除客户明确要求不需回复（回访）的工单外，营业厅人员在接收到工单处理反馈结果后 1 个工作日内完成回访工作（除保密、匿名投诉工单外），如实记录客户意见和满意度评价情况。

三、申请资料

客户所属区域、投诉人姓名、联系电话、投诉时间、投诉内容、是否要求回访等信息，并尊重和满足投诉人匿名和保密要求。

四、话术指南

《国家电网有限公司“95598”知识库》。

五、依据来源

《国家电网有限公司“95598”客户服务业务管理办法》。

第二节　举报、建议、意见

一、服务内容

供电营业厅受理客户的举报、建议、意见、等诉求业务。

二、服务流程

本服务流程由业务受理开始，经接单分理、诉求处理、回单审核、客户回访4个环节，服务结束，如图14–2所示。

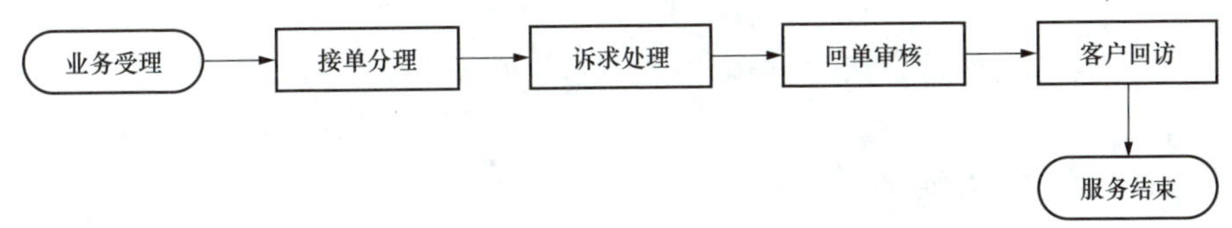

图14–2　举报、建议、意见服务流程图

1. 业务受理

供电营业厅受理客户举报、建议、意见诉求后，能直接答复客户的，直接进行答复，并办结工单；不能直接答复的，营业厅受理人员在20min内完成工单填写、审核、派单。

2. 接单分理

接收客户举报、建议、意见工单后，营业厅受理人员20min内在营销业务应用系统中将工单分理至业务处理部门。

3. 诉求处理

业务处理部门受理客户举报、建议、意见工单后，9个工作日内按照相关要求开展调查处理，并完成工单反馈。

4. 回单审核

营业厅逐级对回单质量进行审核，对工单质量或处理意见不符合要求的，注明回退原因后将工单回退至业务处理部门再次处理。

5. 客户回访

除客户明确提出不需回复（回访）的工单外，在收到工单反馈结果后1个工作日内开展工单的回复（回访）工作，如实记录客户意见和满意度评价情况。

三、申请资料

客户信息、咨询内容、联系方式、是否需要回复等信息。

四、话术指南

《国家电网有限公司“95598”知识库》。

五、依据来源

《国家电网有限公司“95598”客户服务业务管理办法》。

第十五章　咨询查询

第一节　电量电费查询

一、服务内容

供电营业厅受理的客户电量电费详细信息查询。

二、服务流程

本服务流程由业务受理开始，经核实身份和查询电量电费并告知 2 个环节，服务结束，如图 15-1 所示。

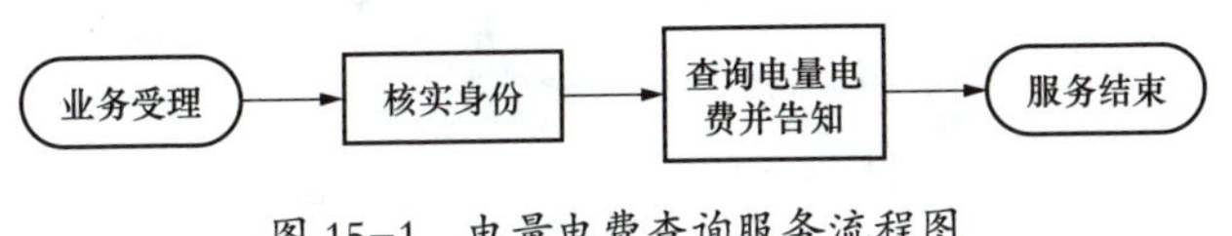

图 15-1　电量电费查询服务流程图

1. 业务受理

供电营业厅业务受理员收到临柜客户查询电量电费申请，应为客户提供联系方式及用电咨询服务。

2. 核实身份

客户需提供相应的身份证明（身份证、军人证、护照、户口簿、公安机关户籍证明、企业主体资格证明），工作人员核实客户身份。

3. 查询电量电费并告知

客户电费、电量查询为即时办理业务，办理结果当场告知客户，对于已经在“网上国网”App 上绑定客户编号的客户，可随时查询电费、电量、账户信息等。

三、提供资料

客户需提供相应的身份证明（身份证、军人证、护照、户口簿、公安机关户籍证明、企业主体资格证明）。

四、标准话术

（1）问：客户表示不是本区域客户，想查询电费，能否查询（明确查电费，不是缴电费）？应该提供什么资料才可进行电费查询？

答：可以。用电客户可前往公司任一城乡供电营业厅查询电量电费信息业务（城乡各级营业厅不得已非本单位客户为理由拒绝查询）。提供资料：营业厅人员应要求客户提供客户需提供相应的身份证明（身份证、军人证、护照、户口簿、公安机关户籍证明、企业主体资格证明）或缴费凭据（高压客户或提供单位介绍信），否则不予查询。

（2）还有什么途径可以查询电费电量？

答：客户可下载安装“网上国网”App，绑定后【首页】—【电量电费】或【用电】—【电量电费】，实现用户对年度总电量电费、月电量电费、阶梯电量使用情况（若客户不执行阶梯电价，则不显示表盘页面，直接显示近 1~3 年的用电情况页面）的查询，如图 15–2 所示。

点击“历史用电”进入近 1~3 年的用电情况页面，点选“年份”，显示当前年每月具体电量电费数据。点击具体月份，显示所选月份的电量电费信息详情。点击右上角的“ ”，可将电量电费信息分享至微信好友、微信朋友圈、QQ、QQ 空间等社交平台，如图 15–2 所示。

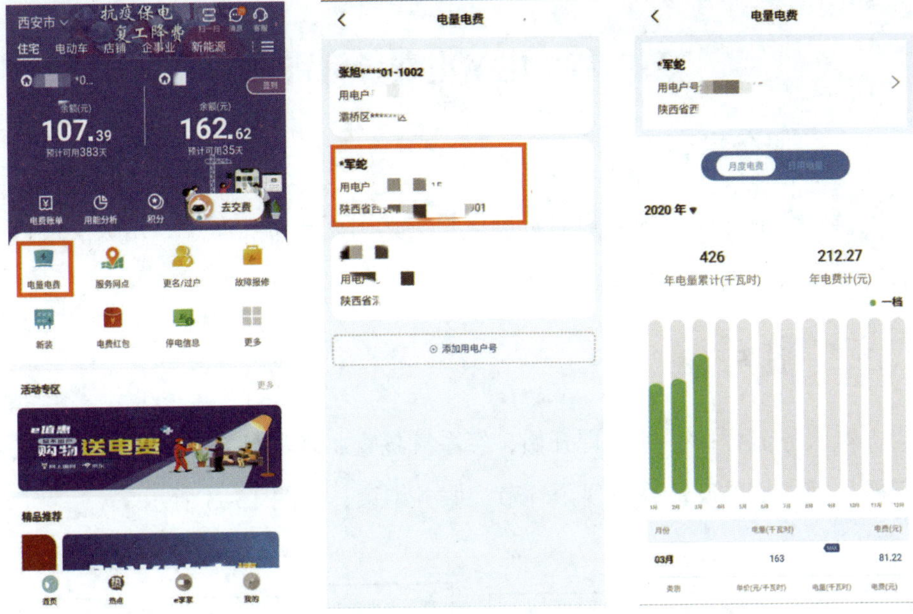

图 15-2　客户历史用电详细查询

五、依据来源

（1）中华人民共和国电力工业部令第 8 号《供电营业规则》。

（2）《网上国网操作手册》。

第二节　电量电费异常咨询

一、服务内容

供电营业厅受理的客户对近期电量突然出现异常（减少、增大）或抄表电量增大，要求核查。

二、服务流程

本服务流程由业务受理开始，经系统核查、现场核查、进一步核查或问题处理、结果反馈客户4个环节，服务结束，如图15-3所示。

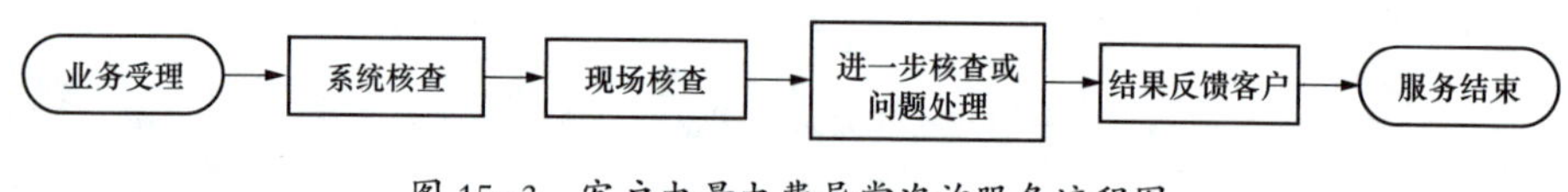

图15-3　客户电量电费异常咨询服务流程图

1. 业务受理

各供电营业厅接到临柜客户或客户致电反映电量异常的诉求时，20min内启动"业务工单制"派发相关班组；受理客户用电申请时，营业厅业务受理员应主动为客户提供联系方式及咨询服务。

2. 系统核查

客户经理接到工单后，1个工作日内在营销系统查询近半年客户的用电情况，核查电量有无突变；核查采集系统抄表数据。

3. 现场核查

客户经理在2个工作日内安排进行现场核查，包括核查现场抄表示数、客户用电负荷、用电习惯是否改变、计量装置是否发生异常等。

4. 进一步核查或问题处理

若需要进一步核查或确实存在计量差错、错抄等问题，客户经理1个工作日内通知相关专业按照业务规则进行问题处理。

5. 结果反馈客户

客户经理将问题核查或处理情况答复客户并告知营业厅受理人员。受理人员在该业务工单归档前对工单处理情况进行回访、归档。

三、所需资料

（1）客户名称或地址任意一项。

（2）客户编号。

（3）联系方式。

四、标准话术

（1）问：客户近期电量突然出现异常（减少、增大）或抄表电量增大，客户认为供电企业装设的计费电能表不准时，应如何处理？

答：客户持当月电费收据到就近营业厅申请，营业厅联系相关客户经理到现场拆换电能表，将换回的电能表（保证封印的完好）送电能计量中心进行检定，计量中心在 5 个工作日内出具检定结果，由营业厅工作人员将检定结果通知客户；如果客户对检定结果有异议，送国网陕西电科院进行复检；如果客户还有质疑，再送政府授权的法定计量检定机构（市计量院或省计量院）再次进行复检，复检结果由供电营业厅工作人员通知客户。收费标准依据陕西省物价局下发的收费标准收取检定费。检定结论合格时，由客户承担相应检定费用；若不合格（一致）时，由供电部门承担相应检定费。

（2）问：非居民客户询问应缴电费与发行电费金额不符，是否包含违约金？

答：1）包含违约金：截至目前您的违约金是（系统显示），根据相关政策规定，违约金金额按日累加计收，建议您缴费时到营业厅确认。如客户表示自己持支票交费，需要知道准确的违约金金额：为了确保您能够顺利缴费，建议您到营业厅确认具体金额后再填写支票金额。

2）不包含违约金：经我系统查看，您现在所欠的电费是上个月的发行电费，并没有违约金产生，您的这个户号产生违约金的日期是（系统显示），您注意这个缴费时间就行，在这个时间之前缴纳您的电费是不会产生违约金的。

（3）客户咨询电费违约金如何计算，怎样避免产生违约金？

答：《供电营业规则》第九十八条规定：用户在供电企业规定的期限内未交清电费时，应承担电费滞纳的违约责任。电费违约金从逾期之日起计算至交纳日止。每日电费违约金按下列规定计算：①当年欠费部分，每日按欠费总额的千分之二计算；②跨年度欠费部分，每日按欠费总额的千分之三计算。电费违约金收取总额按日累加计收，不足 1 元按 1 元收取。每月违约金起算日期以系统为准，您只要在这个日期之前结清电费就可以避免产生违约金的。

（4）问：听说照明用电按阶梯电价来算，阶梯电价按月算还是按年算？阶梯电价具体是怎么算的呢？我们邻居好几家共用了一块电能表（合表），这段时间电费比较高，他让我问下，他们的电费应如何收取？是执行阶梯电价吗？

答：1）阶梯电价按月算还是按年算？

陕西省居民阶梯电价自 2012 年 7 月 1 日起执行；2012 年 7 月至 2013 年 7 月相对应的抄表时间为一个年周期，年周期内抄见电量执行年阶梯电价。居民阶梯年用电量标准：第一档电量为 2160kWh（180kWh / 月 ×12 个月）及以下，用电价格维持现行价格 0.4983 元 /kWh；第二档电量为 2161～4200kWh（350kWh / 月 ×12 个月），用电价格在第一档电价基础上提高 0.05 元 /kWh；第三档电量为 4201 kWh 及以上，用电价格在第一档电价基础上提高 0.30 元 /kWh。居民阶梯电价电费按递增法计算。先按照总用电量和第一档电价标准计算全部电量的基础电费，再按照第二档、第三档递增电价标准，分别计算第二档、第三档递增电费，以上三部分电费之和为该居民用户的总电费。

2)（合表）电费应如何收取？是执行阶梯电价吗？

未实行“一户一表”的合表居民客户暂不执行阶梯电价，维持现行价格水平不变。

五、依据来源

中华人民共和国电力工业部令第 8 号《供电营业规则》。

第三节 欠费停复电

一、服务内容

供电营业厅受理的客户因拖欠电费被供电企业采取停电措施的，客户交清电费后，要求供电企业尽快恢复其正常供电。

二、服务流程

本服务流程由业务受理开始，经欠费状态确认、现场恢复供电、复电结果反馈3个环节，服务结束，如图15-4所示。

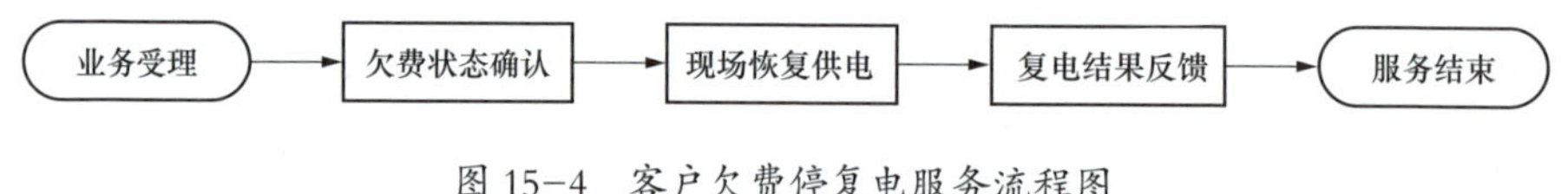

图15-4 客户欠费停复电服务流程图

1. 业务受理

客户到供电营业厅提出复电申请，营业厅业务受理员接到客户的复电申请后，应做好记录，20min内形成业务工单，2h内完成派发和分理。受理客户用电申请时，营业厅业务受理员应主动为客户提供联系方式及咨询服务。

2. 欠费状态确认

接到客户复电申请工单后，客户经理应登录营销186系统对客户的欠费进行查询，确认客户所欠费用已经结清，具备复电条件。

3. 现场恢复供电

根据客户不同的费控类型，按不同的方法实施复电服务。①对于远程费控自动停电的低压客户，系统下发复电指令后，由客户自行操作电能表复电按钮进行复电；②对客户无法自行操作的远程复电和人工停电的客户，需要客户经理到达现场恢复供电；③属于高压客户的，需要联系运检专业协同完成现场复电操作；④属于专线客户的，需要联系地调，由调控专业人员通过调控指令完成现场复电操作；⑤因欠费实施停电客户，费用结清后具备远程复电条件的2h内复电，不具备远程复电条件，需要现场复电的24h内恢复供电。

4. 复电结果反馈

客户经理立即与客户电话（或者当面）联系，将复电结果告知客户并告知营业厅受理人员。受理人员在该业务工单归档前对工单处理情况进行回访，验证客户供电是否已经正常，确认复电结果的正确性，归档。

三、所需资料

（1）用户名称。

（2）用户编号。

（3）用电地址。

（4）联系电话。

四、标准话术

（1）问：欠费复电费收费标准，客户询问是否需要缴纳复电费？

答： 您只需结清所欠电费，系统将自动于24h内恢复供电，您无须交纳复电费。

（2）问：客户交清欠费后，向时恢复供电？

答： 经查询您属于费控用户，由于您刚刚结清电费，建议您查看电能表，当电能表跳闸灯开始闪烁时，长按电能表上白色按钮3s左右即可恢复供电。若后期长时间未恢复，您可以随时来电，我们帮您联系反映。

（3）问：远程费控客户询问停电后复电方式，是远程复电还是现场复电？

答： 远程费控客户复电流程图，如图15-5所示。

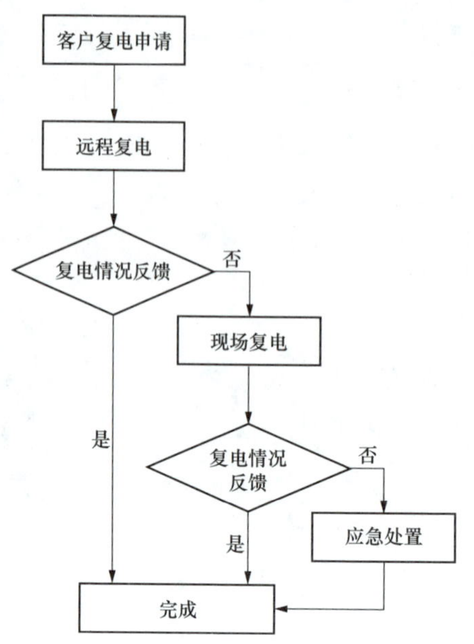

图 15-5 远程费控客户复电流程图

客户交清欠费后提出复电申请后，营销系统自动测算客户已交纳电费并超过停电提醒值，自动触发复电策略，复电指令下发成功后，表计跳闸指示灯闪烁，客户长按电能表查询键 3s 即可复电。完成复电后，业务人员通过营销系统费控模块查看复电是否成功，如不成功应转为人工复电。携带掌机进行现场复电，当电能表跳闸灯开始闪烁时，长按电能表上白色按钮 3s 左右即可恢复供电。若现场复电不成功，先采取其他临时措施确保客户用电，同时告知计量人员换表处理。无论采取何种方式，系统将于电费结清后 24h 内自行给您恢复供电，若后期长时间未恢复，您可以随时来电，我们帮您联系反映。

电能表应只能通过客户自行复电或工作人员使用掌机现场复电，若不进行这两种操作，系统不能于电费结清后 24h 内自行恢复供电。

（4）问：缴清欠费后收到欠费停电通知。

答：系统查询并无欠费情况，短信都为系统自动发送，可能存在一定延迟情况，但请您放心，已在系统确认过，目前不存在欠费并且有充足的余额，供电公司不会给您断电的，如您仍有疑问，我会帮您记录核实具体原因。

五、依据来源

《国家电网有限公司“95598”知识库》。

第四节　客户登录密码更改

一、服务内容

客户无法通过客户编号登录绑定“电 e 宝”手机 App、“国网陕西电力”微信公众号，显示密码错误，客户要求更改密码。

二、服务流程

本服务流程由业务受理开始，经核实身份、密码更改 2 个环节，服务结束，如图 15-6 所示。

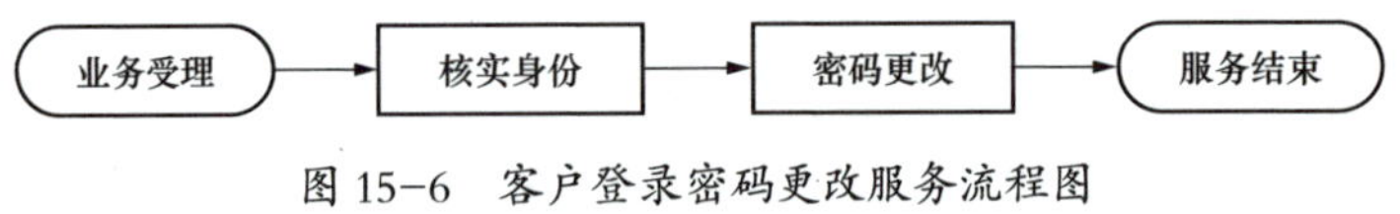

图 15-6　客户登录密码更改服务流程图

1. 业务受理

客户无法通过客户编号登录绑定“电 e 宝”手机 App、“国网陕西电力”微信公众号，显示密码错误，客户要求更改密码。

2. 核实身份

客户需提供：①用户名称；②用户编号；③用电地址；④联系电话进行身份核实客户身份。

3. 密码更改

在确认客户身份后，进行密码重置、更改。

三、标准话术

（1）问：客户表示通过“国网陕西电力”微信公众号绑定户号时，系统提示该户号已被绑定，该怎么处理呢？

答：您好，您可以将该问题反馈给您所在台区的客户经理，由客户经理帮助您在系统里进行户号解绑。解绑后，您可以进入“国网陕西电力”微信公众号点击进入“营业厅”功能模块，选择“电与生活”→“密码修改”，进入修改密码界面；在对应位置输入原密码和要新设定的密码，点击“确定”按钮，密码修改成功。

（2）问：请问怎么通过“国网陕西电力”微信公众号查询绑定密码，该怎么处理呢？

答：对于首次使用“国网陕西电力”微信公众号绑定户号的客户，密码一般为“初设密码”（6位随机数字）或者客户自主修改后的密码。若以上两种密码都不正确：客户可到所属营业厅凭有效身份证明办理“客户密码重置”业务。

（3）问：“国网陕西电力”微信公众号中能否修改用电查询密码？

答：您可以通过在“国网陕西电力”微信公众号绑定户号后，进入绑定列表进行修改查询密码，您可以进入“国网陕西电力”微信公众号，进入“营业厅”；进入右下角“个人中心”界面，选择“密码修改”后，填写用户编号，完成密码重置。

（4）问：“电e宝”手机App重置查询密码方法？

答：1）自己登录页面更改：①户号登录页面，定位至用户所在地区（如定位地区不正确，可自行选择地区），输入用电户号，点击右下角“忘记密码”；②输入营销系统预留手机号，点击“获取校验码”，输入验证码后，密码重置成功；③新的6位随机密码会发送至营销系统预留手机号，用户使用新密码进行户号登录即可。

2）短信查询：您可使用在登记的账务联系人手机号或智能电能表短信服务手机号，向“95598”发出查询您某处用电用户编号“查询密码”的短信需求，格式为：CXMM用户编号，四个字母均为大写，如CXMM0001200001，将通过“95598”短信向您返回该用户编号的“查询密码”。

3）去附近供电营业厅查询，需提供您的户号和身份证号码。

拨打“95598”转接人工，然后报上你的户号身份证号码来查询。

“电 e 宝”手机 App 重置查询密码流程，如图 15-7 所示。

图 15-7 “电 e 宝”手机 App 重置查询密码流程图

四、依据来源

（1）《“电 e 宝”操作手册》。

（2）《陕西电力微信公众号使用手册》。

第五节 客户档案信息查询、更新

一、服务内容

客户在营业厅需要了解地址、联系方式等档案信息，对未及时更新的档案信息要求供电企业及时更新。

二、服务流程

本服务流程由业务受理开始，经收集客户资料、维护客户费控档案、用电信息发送反馈3个环节，服务结束，如图15-8所示。

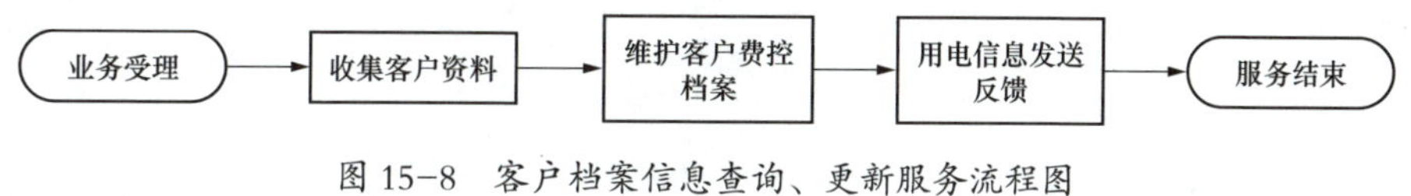

图15-8 客户档案信息查询、更新服务流程图

1. 业务受理

各供电营业厅接到临柜客户需要查询、更新档案信息的诉求后，负责客户信息，检查客户提供资料的完整性及合规性，资料收集完毕后，20min内启动“业务工单制”派发相关班组。受理客户用电申请时，营业厅业务受理员应主动为客户提供联系方式。

2. 收集客户资料

收集客户最新的档案资料。

3. 维护客户费控档案

客户经理接到工单后，3个工作日内在营销系统查询客户档案情况，完成客户档案维护。

4. 用电信息发送反馈

客户经理将处理情况答复客户并告知营业厅受理人员。受理人员在该业务工单归档前对工单处理情况进行回访、归档。

三、提供资料

客户档案信息查询、更新所需资料清单见表 15–1。

表 15–1　　客户档案信息查询、更新所需资料清单

序号	资料名称	居民	低压非居
1	更改档案申请	√	√
2	身份证原件及复印件	√	√
3	营业执照原件及复印件		△
4	房屋产权证复印件	△	△

注　“√”为必须存档；“△”为视情况存档。

四、标准话术

（1）问：电费票上的客户用户地址与实际不符，该怎么办?

答：电费票上的客户地址名称与实际不符，应携带以下证件到就近营业网点办理地址更正业务。

1）居民客户在办理更名时需要提供以不申请资料：①房屋产权证原件及复印件（无法提供房屋产权证时，可提供建房许可证、房管公房租赁证、房屋居住权证明、土地证或商品房买卖契约等）；②产权人身份证原件、复印件、经办人身份证原件及复印件（如无法提供身份证明时，可提供军官证、护照等有效证件）；③客户编号或电能表表号。

2）非居民客户在办理更名时需要提供以下申请资料：①房屋产权证原件及复印件（无法提供房屋产权证时，可提供建房许可证、房管公房租赁证、房屋居住权证明、土地证或商品房买卖契约等）；②客户编号或电表表号；③营业执照、组织机构代码、税务登记证原件及复印件；④经办

人身份证明原件及复印件（如无法提供身份证时，可提供军官证、护照等有效证件）。

（2）问：客户来营业厅办理费控信息联系人电话号码变更，应提供哪些资料？

答：1）居民客户在办理更名时需要提供以下申请资料：①产权人身份证原件及复印件及经办人身份证原件及复印件（如无法提供身份证明时，可提供军官证、护照等有效证件）。②客户编号或电能表表号。

2）非居民客户在办理更名时需要提供以下申请资料：①经办人身份证明原件及复印件（如无法提供身份证时，可提供军官证、护照等有效证件）；③客户编号或电能表表号。

五、依据来源

营销营业〔2017〕40号《国网营销部关于印发变更及低压居民新装（增容）业务工作规范（试行）的通知》。

第六节 停电信息咨询

一、服务内容

供电营业厅受理的客户需了解停电原因、停电范围、预计故障修复时间，尽快恢复用电。同时，及时准确获取抢修进度信息以便于客户合理安排生产生活。

二、服务流程

本服务流程由业务受理开始，经停电信息查询、停电信息告知 2 个环节，服务结束，如图 15–9 所示。

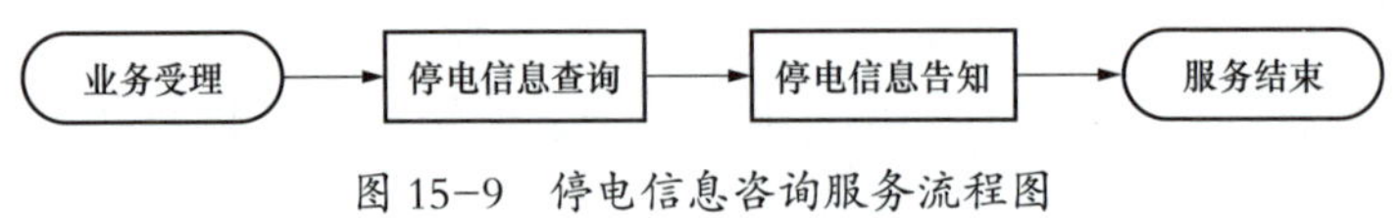

图 15–9 停电信息咨询服务流程图

1. 业务受理

客户至供电营业厅或致电营业厅提出了解停电原因、停电范围、预计故障修复时间。受理客户用电申请时，营业厅业务受理员应主动为客户提供联系方式及咨询服务。

2. 停电信息查询

营销部提前 7 天通过供电营业厅、报刊、微信公众号等对外发布计划检修停电信息，临时检修停电提前 24h 进行公告。调控部门将停电计划信息录入“95598”系统，并按规定完成停电信息到户分析，营业厅业务受理员或客户可自行通过“95598”供电服务热线、网上国网等渠道查询停电信息。录入时间要确保满足计划停电信息发布的时限要求。

3. 停电信息告知

业务受理员将查询到的停电信息告知客户。

三、资料

（1）客户名称或地址任意一项。

（2）客户编号。

（3）联系方式。

四、标准话术

（1）问：刚交的电费，家里就停电了，是怎么回事？

答：您好，请您先提供一下您的客户编号、客户名称或地址任意一项。经系统查询，您不属于欠费停电，麻烦您留下您的联系电话？我们将在查询停电原因后与您联系。

（2）问：客户反映家里出现频繁停电问题，但电费是交到物业，而不是供电公司，怎么解决？

答：您好，根据您的描述，您目前不是我们供电公司的直接供电客户，也就是说，您和供电公司之间并无直接的供用电合同关系。所以您所反映的事情，很抱歉我们无法为您解决，您可以向对您进行电费收取的单位协商处理。

（3）问：请问所在单位停电，但是周围有电，是什么情况呢？

答：先生 / 女士，因为只有您单位处于停电状态，并且根据您的地址信息给您查询，周边地址没有任何停电信息和报修记录，建议您查看一下您单位的内部供电设备是否有问题，因为只有供电公司维护范围内的故障可以负责处理，内部问题是不负责处理的，所以您先核实下您单位负责的产权设备有无故障情况。

（4）问：请问家中停电并且空气开关经常出现跳闸状态，是什么情况呢？

答：您好，根据产权分界的划分表后的空气开关不在电力公司维护范围，请您联系有资质的电工进行处理。如果需要我们配合处理，您可以再与我们取得联系。

（5）问：家中电压低 / 频繁停电问题长期未解决，如何处理？

答：很抱歉给您带来不便，电网改造需要一定的时间，您反映的频繁停电 / 电压低问题已经纳入电网改造范围，预计 × 年 × 月改造完毕，感谢您的理解。

（6）问：请问为什么停电时间这么长？

答：非常抱歉给您带来不便，计划检修是保证电网稳定、安全运行，为了减少故障情况的发生希望您谅解。如果您仍对停电时间长有异议，我稍后会给您记录反映，联系相关部门核实处理，请您不要着急。

五、依据来源

《国家电网有限公司“95598”知识库》。

第七节 业扩典型设计咨询

一、服务内容

供电营业厅受理的客户提出的诉求，受理客户关于业扩报装典型设计的查询、咨询业务。

二、服务流程

本服务流程由业务受理开始，经业扩典型设计查询、咨询，典型设计告知2个环节，服务结束，如图15-10所示。

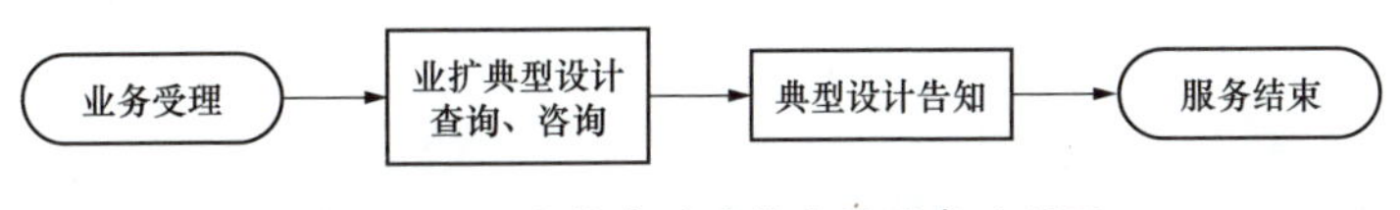

图15-10 业扩典型设计咨询服务流程图

三、标准话术

(1)问：客户可供电通过什么方式来查询、咨询业扩典型设计?

答：供电企业在营业厅增设业扩工程服务咨询专用窗口，摆放典型设计资料，主动向客户宣传。客户也通过互联网，登录国家能源局西北监管局网站（http://xbj.nea.gov.cn/），在主页—信息披露，点击进入，点击查询。也可通过互联网，登录陕西省住房和城乡建设厅，(http://js.shaanxi.gov.cn/)，政务公开—行政审批公告。

(2)问：客户采用业扩典型设计有什么优势?

答：业扩工程如果缺乏统一的标准规范，各地设备技术参数，质量和施工管理差异加大给设备的挂网、维护、抢修等带来极大不便。客户采用业扩工程典型设计，有利于加快报装接电速度，促进办电效率，提高供电可靠性，实现电力企业与客户的双赢。

四、依据来源

中华人民共和国电力工业部令第 8 号《供电营业规则》。

第八节 10、110kV 变电站可用间隔资源明细查询

一、服务内容

供电营业厅受理的客户关于变电站可用间隔资源的咨询查询业务。

二、服务流程

本服务流程由业务受理开始，经对外公示信息查询、告知与打印服务2个环节，服务结束，如图15-11所示。

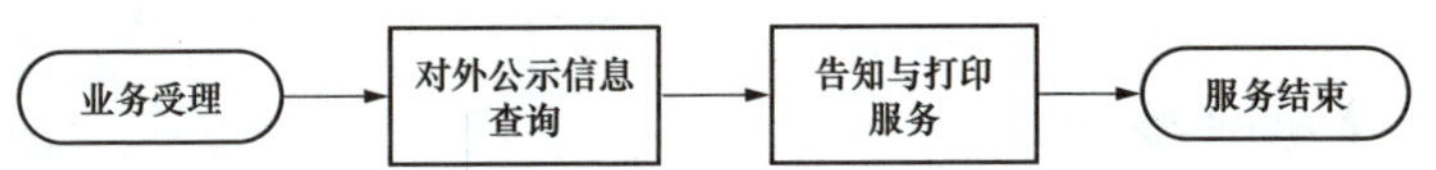

图15-11 10、110kV变电站可用间隔资源明细查询服务流程图

1. 业务受理

业务受理员收到临柜客户诉求后，了解客户用电性质和用电时间。

2. 对外公示信息查询

在营业厅对外的公示信息中帮助客户查询，如没有相关信息，业务受理员5min内联系供电服务指挥中心，供电服务指挥中心10min内完成结果答复（需与供电服务指挥中心沟通确定答复时间）。

3. 告知与打印服务

营业厅将查询后的信息当场告知客户，如有需要可提供打印服务。

三、所需资料

变电站所在的具体位置。

四、话术指南

（1）问：我想了解 ×× 变电站还有没有可用的间隔？

答：您好，×× 变电站还有 ×× 个可用的间隔。

或：您好，×× 变电站已经没有可用的间隔了。根据您提供的用电地址，离您最近的还有一个 ×× 变电站，可用间隔是 ×× 个，您可以考虑一下。

（2）问：我刚才咨询的 ×× 变电站可用间隔的信息能打印出来吗？

答：您好，可以打印，请您稍等。

或好的，打印好了，请您收好。

五、依据来源

供电服务指挥中心提供的信息。

第九节 电网改造、移杆改线查询

一、服务内容

供电营业厅受理的客户关于电网改造、移杆改线咨询业务。

二、服务流程

本服务流程由业务受理开始，经确认核实申请资料、派发工单、工单回访 3 个环节，服务结束，如图 15–12 所示。

图 15–12 电网改造、移杆改线查询服务流程图

1. 业务受理

业务受理员收到临柜客户诉求时，应详细记录客户户号、用电地址、客户姓名、联系方式、用电区域、电压等级等信息。业务受理员 20min 内在营销 186 系统启动“业务工单”推送至供电服务指挥中心进行处理。

2. 确认核实申请资料

业务受理员应再次与客户确认收取的资料内容翔实，联系方式无误。

3. 派发工单

供电服务指挥中心接到营业厅工单后，20h 内派发至生产部门处理。

4. 工单回访

处理完毕后，供电服务指挥中心将处理结果反馈营业厅，业务受理员 24h 内完成回访工作，并如实记录客户意见及满意度评价情况。

三、所需资料

提供书面申请，内容包括客户户号、用电地址、客户姓名、联系方式、用电区域、电压等级、反映内容等。

四、话术指南

（1）问：电网改造在哪里可以办理这个业务？

答：您好，营业厅就可以受理该项业务。

（2）问：办理电网改造、移杆改线需要提供哪些资料？

答：您好，需要提供以下资料：提供书面申请，内容包括客户户号、用电地址、客户姓名、联系方式、用电区域、电压等级、反映内容。

（3）问：电网改造从递交资料开始，多久可以改造完毕？

答：您好，在您递交资料后，请耐心等待，我们会立即通知生产管理部门相关人员核实现场并电话给您回复，请保持电话畅通。改造时间需在确认改造费用、方案等信息后方可确定，请您谅解。

（4）问：电网改造收费吗？

答：您好，一般情况下，由供电企业出资开展的电网设备升级改造、新建等工作，不需收取用户任何费用，但因个人或团体意愿，要求供电企业开展的移杆改线工作是需要收取相应改造费用的。

五、依据来源

（1）中华人民共和国电力工业部令第 8 号《供电营业规则》。

（2）主席令〔1995〕第 60 号《中华人民共和国电力法》。

（3）电网检修工程预算定额。

第十节　安全距离、变电站噪声咨询

一、服务内容

供电营业厅受理的关于安全距离、变电站噪声的咨询业务。

二、服务流程

本服务流程由业务受理开始，经查询相关文件、告知与打印服务 2 个环节，服务结束，如图 15-13 所示。

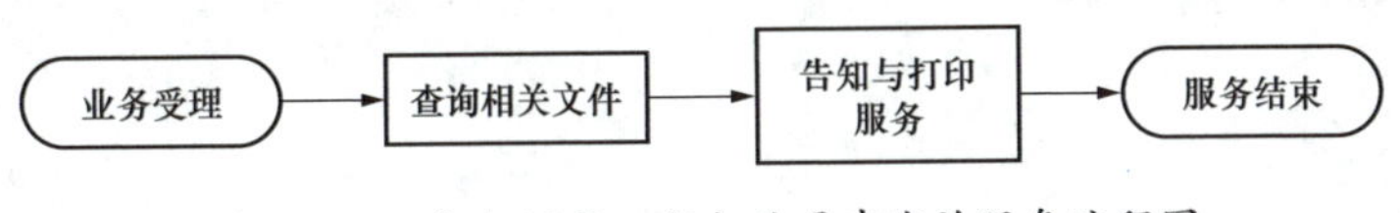

图 15-13　安全距离、变电站噪声咨询服务流程图

1. 业务受理

业务受理员受理临柜客户咨询查询安全距离、变电站噪声的业务。

2. 查询相关文件

业务受理员在自助查询区为客户提供相关文件的查询，并做好解答说明工作。

3. 告知与打印服务

营业厅将查询后的信息当场告知客户，如有需要可提供打印服务。

三、所需资料

（1）变电站站名。

（2）变电站地址。

（3）用电地址。

（4）线路名称。

（5）电压等级。

四、话术指南

（1）问：高压导线对人体的安全距离是多少？

答：1）您好，根据国家电网安质〔2014〕265号《国家电网有限公司电力安全工作规程（配电部分）（试行）》中5.3.2条规定中人员、树木、绳索应与导线保持规定的安全距离，见表15-2。

表15-2 邻近或交叉其他高压电力线工作的安全距离

电压等级（kV）	安全距离（m）	电压等级（kV）	安全距离（m）
10及以下	1.0	±50	3.0
20、35	2.5	±400	8.2
66、110	3.0	±500	7.8
220	4.0	±660	10.0
330	5.0	±800	11.1
500	6.0		
750	9.0		
1000	10.5		

2）根据《电力设施保护条例》规定：

a.架空电力线路保护区：导线边线向外侧水平延伸并垂直于地面所形成的两平行面内的区域，在一般地区各级电压导线的边线延伸距离如下：1~10kV，5m；35~110kV，10m；154~330kV，15m；500kV，20m。在厂矿、城镇等人口密集地区，架空电力线路保护区的区域可略小于上述规定。但各级电压导线边线延伸的距离，不应小于导线边线在最大计算弧垂及最大计算风偏后的水平距离和风偏后距建筑物的安全距离之和。

b. 电力电缆线路保护区：地下电缆为电缆线路地面标桩两侧各 0.75m 所形成的两平行线内的区域。

（2）问：变电站噪声在多少分贝对人体不造成影响？

答：您好，根据：国网科技部关于印发科环〔2013〕85 号《变电站（换流站）噪声防治技术指导意见的通知》。

1）变电站（换流站）周边噪声敏感建筑物的噪声值，必须满足 GB 3096—2008《声环境质量标准》中不同声环境功能区的环境噪声限值要求，见表 15–3。

表 15–3 声环境质量标准中的环境噪声限值 [dB(A)]

声环境功能区类别		时段	
		昼间	夜间
0 类		50	40
1 类		55	45
2 类		60	50
3 类		65	55
4 类	4a 类	70	55
	4b 类	70	60

位于城市或城市规划区的变电站（换流站），依据所在地的声环境功能区划，分别执行 GB 3096—2008 规定的相应类别声环境功能区环境噪声限值；位于没有划分声环境功能区的乡村区域的变电站（换流站），需与乡村所在地县级以上人民政府环境保护行政主管部门进行协商，确定应执行的声环境功能区类别。

2）变电站（换流站）的厂界排放噪声，必须满足 GB 12348—2008《工业企业厂界环境噪声排放标准》，见表 15–4。

表 15-4 工业企业厂界环境噪声排放限值 [dB(A)]

厂界外声环境功能区类别	时段	
	昼间	夜间
0	50	40
1	55	45
2	60	50
3	65	55
4	70	55

位于城市或城市规划区的变电站(换流站),其厂界环境噪声排放,依据所在地的声环境功能区划,分别执行 GB 12348—2008 规定的相应类别声环境功能区厂界环境噪声排放限值。

GB/T 15190—2014《声环境功能区划分技术规范》位于未划分声环境功能区的变电站(换流站),且厂界外噪声评价范围内有噪声敏感建筑物时,由当地县级以上人民政府参照 GB 3096—2008 和 GB/L 15190—1994《城市区域环境噪声适用区划分技术规范》的规定确定厂界外区域的市环境质量要求,并执行相应的厂界环境噪声排放限值。

五、依据来源

(1)国家电网安质〔2014〕265 号《国家电网有限公司电力安全工作规程(配电部分)(试行)》的通知。

(2)中华人民共和国国务院令(第 239 号)《电力设施保护条例》。

(3)科环〔2013〕85 号《国网科技部关于印发变电站(换流站)噪声防治技术指导意见的通知》。

第十一节 信息订阅

一、服务内容

供电营业厅受理的客户提供电费，停电等信息订阅的服务。

二、服务流程

（一）订阅服务流程

本服务流程由业务受理开始，经验证客户身份、告知订阅事项、办理订阅、发送确认订阅信息 4 个环节，服务结束，如图 15-14 所示。

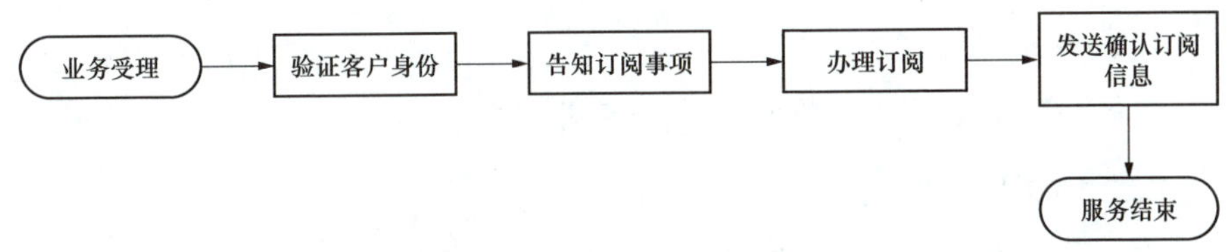

图 15-14 客户信息订阅服务流程图

1. 业务受理

业务受理员受理临柜客户信息订阅业务。

2. 验证客户身份

客户需提供相应的身份证明（身份证、军人证、护照、户口簿等），联系方式，客户编号，业务受理员核实客户身份。

3. 告知订阅事项

根据客户的诉求，业务受理员办理电费，停电等信息订阅。

4. 办理订阅

根据客户的诉求，业务受理员在系统（营业厅人员没有办理过这项业务，不知从哪里可以进行该项业务的操作，需相关专业解答）办理电费，停电等信息订阅。

5. 发送确认订阅信息

业务受理员在系统（营业厅人员没有办理过这项业务，不知从哪里可以进行该项业务的操作，需相关专业解答）办理后，进行信息发送，客户当场确认。

（二）退订服务流程

本服务流程由业务受理开始，经过验证客户身份、办理退订、发送确认退订3个环节，服务结束，如图15-15所示。

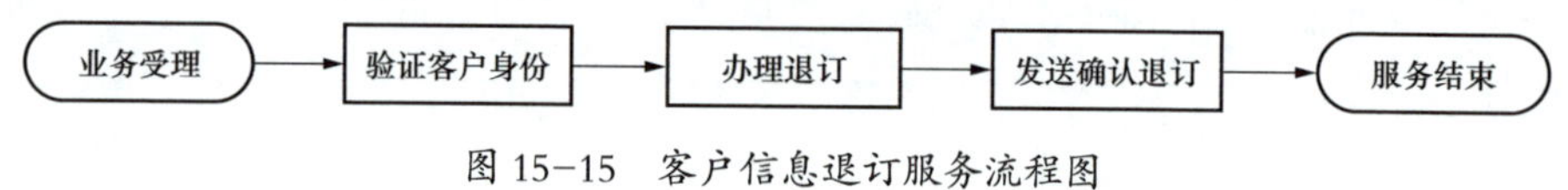

图15-15 客户信息退订服务流程图

1. 业务受理

业务受理员受理临柜客户信息退订业务。

2. 验证客户身份

客户需提供相应的身份证明（身份证、军人证、护照、户口簿等）、联系方式、客户编号、业务受理员核实客户身份。

3. 办理退订

根据客户的诉求，业务受理员在系统（营业厅人员没有办理过这项业务，不知从哪里可以进行该项业务的操作，需相关专业解答）办理电费，停电等信息退订。

4. 发送确认退订信息

业务受理员在系统（营业厅人员没有办理过这项业务，不知从哪里可以进行该项业务的操作，需相关专业解答）办理退订信息后，进行信息发送，客户当场确认。

三、所需资料

身份证、军人证、护照、户口簿、联系方式、客户编号。

四、话术指南

（1）问：办理信息订阅／退订这个业务麻烦吗？

答： 您好，不麻烦。您只需要提供相关信息（身份证、军人证、护照、户口簿、联系方式、客户编号）就可以现场进行办理。

（2）问：办理信息订阅／退订需要提供哪些资料？

答： 您好，需要提供以下资料：身份证、军人证、护照、户口簿、联系方式、客户编号。

五、依据来源

《国家电网有限公司供电客户服务提供标准》。

第十二节 承装（修、试）资质、设计资质查询

一、服务内容

供电营业厅受理的受理客户查询承装（修、试）资质、设计资质的业务。

二、服务流程

本服务流程由业务受理开始，经互联网查询、告知与打印服务 2 个环节，服务结束，如图 15–16 所示。

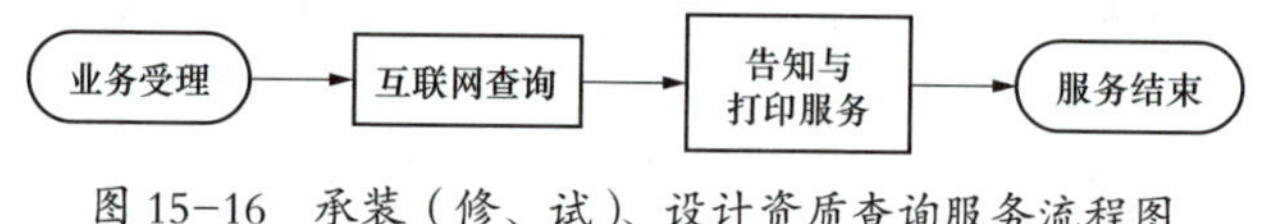

图 15–16 承装（修、试）、设计资质查询服务流程图

1. 业务受理

业务受理员受理临柜客户承装（修、试）资质、设计资质咨询查询业务。

2. 互联网查询

业务受理员在自助查询区为客户提供查阅服务。

3. 告知与打印服务

营业厅将查询后的信息当场告知客户，如有需要可提供打印服务。

三、话术指南

（1）问：具备承装（修、试）电力设施资质的公司在哪里可以查询的到？

答：您好，具备承装（修、试）电力设施资质的公司查询方法：通过互联网，登录国家能源局西北监管局网站（http://xbj.nea.gov.cn/），如图 15–17 所示。

图 15-17　国家能源局西北监管局网站

在主页 信息披露 栏，点击进入，再点击打开页面的 行政许可 ，就可以查询具备承装（修、试）电力设施资质的公司，如图 15-18 所示。

图 15-18　承装（修、试）电力设施资质公司查询页面

（2）问：具备设计资质的公司在哪里可以查询得到？

答：您好，具备设计资质的公司查询方法：通过互联网，登录陕西省住房和城乡建设厅（http://js.shaanxi.gov.cn/）—政务公开—行政审批公告，如图 15-19 所示。

图 15-19 陕西省任务和城乡建设厅网站

在主页 政务公开 栏，点击进入，再点击打开页面的 • 行政审批公告，就可以查询具备设计资质的公司，如图 15-20 所示。

图 15-20 设计资质公司查询页面

四、依据来源

（1）国家能源局西北监管局。

（2）陕西省住房和城乡建设厅。

第十三节　法律法规、用电常识、电价政策咨询

一、服务内容

供电营业厅受理客户提出的诉求，受理客户关于法律法规、用电常识、电价政策的咨询查询业务。

二、服务流程

本服务流程由业务受理开始，经互联网查询、告知与打印服务 2 个环节，服务结束，如图 15–21 所示。

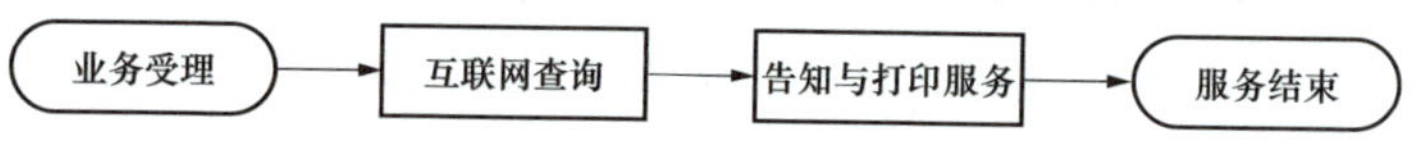

图 15–21　法律法规、用电常识、电价政策查询流程图

1. 业务受理

业务受理员受理临柜客户关于法律法规、用电常识、电价政策咨询查询业务。

2. 互联网查询

业务受理员引导客户在自助查询区的互联网上查询客户所需内容。

3. 告知与打印服务

营业厅将查询后的信息当场告知客户，如有需要可提供打印服务。

三、话术指南

问：我想了解一下关于法律法规 / 用电常识 / 电价政策等方面的内容？

答：您好，你要了解的 ××× 内容出自：《中华人民共和国电力法》

《电力供应与使用条例》《供电营业规则》《国家电网有限公司电力安全工作规程（配电部分）（试行）》的通知国家电网安质〔2014〕265号、《居民用户家用电器损坏处理办法》、陕发改物价〔2019〕349号《陕西省发展和改革委员会关于调整陕西电网电力价格的通知》等规定或条款。

四、依据来源

（1）主席令〔1995〕第60号《中华人民共和国电力法》。

（2）中华人民共和国国务院令第196号《电力供应与使用条例》。

（3）中华人民共和国电力工业部令第8号《供电营业规则》。

（4）国家电网安质〔2014〕265号《国家电网有限公司电力安全工作规程（配电部分）（试行）》的通知。

（5）中华人民共和国电力工业部《居民用户家用电器损坏处理办法》。

（6）陕发改物价〔2019〕349号《陕西省发展和改革委员会关于调整陕西电网电力价格的通知》。